KB024843

일상에서 장소를 만나다

초판 1쇄 발행 2012년 11월 9일
2판 1쇄 발행 2020년 8월 20일

지은이 이경한

펴낸이 김선기
펴낸곳 (주)푸른길
출판등록 1996년 4월 12일 제16-1292호
주소 (08377) 서울시 구로구 디지털로 33길 48 대륭포스트타워 7차 1008호
전화 02-523-2907, 6942-9570~2
팩스 02-523-2951
이메일 purungilbook@naver.com
홈페이지 www.purungil.co.kr

ISBN 978-89-6291-876-2 03980

• 이 책은 (주)푸른길과 저작권자와의 계약에 따라 보호받는 저작물이므로 본사의 서면 허락 없이는 어떠한 형태나 수단으로도 이 책의 내용을 이용하지 못합니다.

• 이 도서의 국립중앙도서관 출판예정도서목록(CIP)은 서지정보유통지원시스템 홈페이지(http://seoji.nl.go.kr)와 국가자료공동목록시스템(http://www.nl.go.kr/kolisnet)에서 이용하실 수 있습니다.(CIP제어번호: 2020031943)

이경한 지음

일상에서 장소를 만나다

지리학자와 떠나는 생활 속 지리여행

푸른길

장소에서 팔십 년의 삶을 이어 오신 고高·재在·춘椿 님께 드립니다.

감사의 글

장소는 삶이 머무는 곳이다. 그곳에서는 지극히 일상적인 삶이 일어난다. 그리고 그곳이 날 잡아 둔다. 그 잡아 둠의 양태는 각자 다르며 그 다름이 곧 문화가 된다. 고로 장소와 문화는 서로 동체이자 아바타이다. 나는 그것을 담으려 글을 쓴다.
장소는 곧 생활이고 문화이기에 글감들이 널려 있다. 그러나 그것을 글로 담아내기가 여간 힘들지 않다. 나의 게으름 탓이다. 게으른 글쓴이를 자극하는 것은 누군가의 구속이다. 그 구속은 제한 시간이 있어서 생각을 하게 만들고, 그것을 기어이 글로 표현하게 한다. 이 글의 삼분지 이는 월간 『열린 전북』에 '장소의 지리학'으로 연재를 한 것이다. 글에 따로 표시를 해 두지는 않았다. 나를 구속해서 글을 쓰도록 기회를 준 『열린 전북』에 감사를 드린다.
글은 생각일진데, 한 줄의 글도 쓰지 못할 때가 있다. 곧 사고가 없거나 멈춘 경우이다. 그때마다 생각의 동무가 되어 준 전주교육대학교의 김용재, 박승배 교수님께 감사를 드린다. 그리고 이 책을 구성하는 데 필요한 사진을 기꺼이 주신 전주대학교의 유평수·박승환 교수님, 전주대학교 사진 아카데미의 장준오·김영희·김선이 선생님, 그리고 전주고등학교의 이상훈 선생님과 전북일보 안봉주 기자님께 감사를 드린다. 또한 사진을 자유롭게 활용하도록 재능기부를 한 한겨레신문의 사진마을 사진가들에게도 감사를 드린다. 끝으로 이 책을 아름답게 만들어 준 (주)푸른길의 편집부에게 진심으로 감사드린다.

2012년, 겨울로 가는 길목에서, 이경한

일상의 삶과 장소

오늘도 집을 나서서 학교로 출근을 한다. 연구실에 도착하자마자 과사무실의 우편물을 열어 보고 컴퓨터로 전자우편을 확인하고 책을 보고 글을 쓴다. 점심을 먹기 위해 학교에서 가까운 한옥마을 일대의 식당을 찾는다. 다시 학교에 돌아와 강의실에서 학생들을 대상으로 수업을 한다. 그리고 대금을 배우러 도립국악원으로 향한다. 또한 하루의 일들을 하면서 틈틈이 크고 작은 일을 보기 위하여 화장실로 간다. 시원한 커피 한 잔에 더위를 식혀 보기도 한다. 낮은 산을 한 바퀴 돌며 걷기 운동을 한다. 사람들을 만나서 수다를 떨고 한국 정치에 관한 얘기도 한다. 퇴근하여 아내와 함께 슈퍼마켓에 가고, 가족과 함께 저녁을 먹고 TV를 본다. 그리고 늦은 밤, 아니 이른 새벽에 밀린 글을 쓴 후 잠을 청한다. 내일도 이 일들을 할 것이다. 여기에 몇 가지를 넣고 빼긴 하지만 말이다.

나의 일상생활이다. 때론 이런 일상생활에서 잠시 외도를 하긴 하지만 여기서 큰 변화는 없다. 누구나 나와 같이, 그러나 나와 다른 경험과 삶의 방식으로 저마다의 일상생활을 가지고서 살아가고 있다. 우리의 일상생활은 짧게는 하루를, 그리고 길게는 일주일을 단위로 하여 일어나는 흐름이다. 우리들은 저마다의 흐름에 맞추어서 일상생활을 영위한다. 일상생활은 반복성을 가진다. 그리고 이는 지속적으로 일어난다. 때로는 그 일상생활의 지속성과 반복성으로 인하여 지루함을 느끼고 힘들어할 때도 있다. 일상생활에 힘이 부칠 만할 때, 아니 지루해질 만할 때, 사람들은 짧은 휴식을 갖기도 하고 일상으로 돌아올 수 있을 만큼 탈출을 감행하기도 한다. 우리들은 일상생활의 반복성으로 인하여 그 소중함을 잊을 때도 있고, 혹은 인식하지 못할 때도 있다. 구제금융시대와 같이, 자신의 일상으로부터 강제 퇴출되거나 타인에 의해서 일상을 회수당할 때에야 그 소중함을 절실히 알게 된다. 어찌 되었든, 우리의 일상생활은 우리들을 이 땅에서 실존케 하는 중요한 기제임은 부인할 수 없다.

우리들이 영위하는 일상생활은 하나의 흐름이다. 그리고 그 흐름은 움직일 때보다는 멈추어 섰을 때가 더 강하며 능동적이다. 집, 연구실, 강의실, 국악원, 화장실, 슈퍼마켓 등이 나의 일상생활의 흐름을 잡아 두어서 멈추게 하듯이, 우리들은 자신들만의 방식으로 삶의 흐름을 잡아 두는 곳을 가지고 있다. 그 일상의 흐름을 잡아 두는 곳이 장소(場所)이다. 장소는 우리들의 일상생활을 구체적으로 일어나게 하는 곳이자 멈추게 하는 곳이다. 그곳에서 우리는 작고 반복적이며 때로는 지루하지만 자신들을 포함한 그 누구를 부양하는 일들을 한다. 그리고 우리는 그곳에서 일을 하며 행복해하고 웃고 즐기고 싸우고 짜증 내고 욕하는 등의 행위를 하면서 세상의 실존자로서 살아간다. 이렇듯 우리는 장소 속에서 자신들의 일상생활을 구체화시켜 나간다. 그래서 '장소는 … 우리가 세계를 직접적으로 경험하는 의미 깊은 중심이다. 장소는 고유한 입지, 경관, 공동체에 의하여 정의되기보다는, 특정 환경에 대한 경험과 의도에 초점을 두는 방식으로 정의된다. 장소는 추상이나 개념이 아니다. 장소는 생활 세계가 직접 경험되는 현상이다.'(에드워드 렐프, 2008 : 287-288).

우리는 장소 속에서 실존의 아주 소소한 일상생활을 영위한다. 하지만 사람마다 일상을 잡아 두는 장소가 다르다. 각자 살아가는 삶의 방식과 일의 형식이 다르기 때문이다. 그러기에 장소는 사람들이 부여한 삶의 방식과 그 의미인 개인의 정체성을 담고 있는 중요한 원형이자 원천이다. 우리는 장소 속에서 일을 하거나 대화를 하거나 놀면서 살아간다. 이런 면에서 보면, 장소는 우리의 의미 있는 삶의 이벤트들이 일어나는, 즉 우리가 경험하는 무대이다. 그래서 장소라는 맥락을 배제하고서 우리의 경험을 설명하고 바라보기는 쉽지 않다.

일상에서 만나는 장소는 방(房), 실(室), 소(所), 장(場), 점(店), 터 등으로 표현된다. 이들은 주로 명사에 접미사로서의 역할을 하여 장소의 기능과 크기를 표현해 주고 있다. 이들의 사전적 정의를 보면, 방(房)은 '사람이 거처하거나 일을 하기 위하여 벽 따위로 막아 만든 칸'이며, 노래방, 빨래방, 다방 등이 있다. 실(室)은 '행위를 나타내는 일부 명사 뒤에 붙어, 그러한 일을 하는 방의 뜻을 더하는 말'이며, 연구실, 교실, 탈의실 등이 있고, 소(所)는 접미사로서 '일부 서술성 명사 뒤에 붙어, 그러한 일을 하는 장소나 기관 또는 시설'을 뜻하며, 휴게소, 교도소, 주유소 등이 있다. 장(場)은 '많은 사람들이 모여 물건을 팔고 사는 곳', '어떤 일이 행해지는 곳. 또는 어떤 일을 할 수 있는 환경'을 의미하며, 정류장, 운동장, 시장 등이 있다. 점(店)은 일부 명사 뒤에 붙어, 가게를 뜻하며, 상점, 식품점 등이 있다. 그리고 터는 '건물이나 구조물 따위를 짓거나 조성(造成)할 자리'로서 집터, 빨래터, 놀이터 등이 있다. 이들은 공간의 점유면적 크기를 보여 준다. 그 크기를 절대면적으로 말할 수는 없지만, 그 상대적 면적 크기는 가늠할 수 있다. 방과 실은 소와 장에 비해서 좁은 면적을 의미한다. 또한 방과 실은 건물 내의 기능을 주로 의미하는 반면, 장과 소는 건물 외의 기능을 의미한다.

장소에서의 생활은 일정 기간 동안 반복적인 활동으로 장소에 대한 느낌을 갖게 한다. 그 느낌은 또 다시 우리들의 삶에 영향을 주어서, 일상생활이 일어나는 장소를 공유한 사람들은 서로 간에 동질감을 가질 수 있다. 같은 장소를 무대로 하는 일상생활은 사람마다 각기 다른 개성을 가지고서 이루어지지만 같은 장소이기에 공통성도 존재한다. 모두가 완전한 합일체가 될 수는 없지만 어느 정도의 공통분모는 가질 수 있다. 그 공통분모를 장소에 대한 상호주관성이라고 말할 수 있다. 같은 장소에서 서로 상호주관성을 가지는 사람들의 모습은 같으면서 다르고 또한 다르면서 같다. 그러므로 서로 다른 사람들이 같은 생각을 가지고서 어느 장소에 모이면 비슷한 행태를 보일 수 있다.

또한 장소에는 그곳을 찾는 사람들이 서로의 동질감을 유지하기 위하여 일정한 규칙을 만들어 놓기도 한다. 이런 경우, 사람들은 그 장소에 자신들을 맞추어 보다 강하게 귀속되기도 한다. 예를 들어 어느 장소에서 금연이라는 규칙을 정해 두면, 사람들은 그곳에서 금연을 한다. 그 규칙을 지키지 않는 경우, 장소에서 동질감을 갖는 사람들과 그들이 만든 장소가 그 규칙 위반자를 밀어낸다.

다시 말하면, 어떤 지역이 친밀한 장소로서 우리에게 다가올 때 우리는 비로소 그 지역에 대한 느낌이나 의식인 장소감(場所感, sense of place)을 가지게 된다. 이 장소감이 보다 강하게 작용하면 장소에 대한 소속감이 크게 되고, 더 나아가 장소를 통한 자아 정체성을 갖게 된다. 이는 곧 장소에 대한 사랑, 즉 장소애(場所愛)로 진화한다. 우리들의 일상생활이 장소의 개성, 즉 장소성을 만들어 가든지 장소성이 우리들의 일상생활을 구속하든지 간에 우리는 장소에서 벗어날 수 없다. 그래서 우리는 특정 장소에 존재하는 개인이며 또 다른 환경과 사회 구조 속의 일원으로 살아가는 부분적인 존재이다.

장소 안에서 살아가는 사람들 속에 들어가면 그들의 삶을 보고 경험하고 생각하며 관찰하는 즐거움이 있다. 이성적인 분석과 감성적 직관, 개별적인 사항과 구조적인 관점 등 다양한 시각을 통하여 장소 속에서 사람들의 일상생활 모습들을 바라볼 수 있다. 하지만 내 느낌대로 혹은 내 생각대로 우리 주변의 일상들을 바라본다고 하는 것이 보다 정직한 표현일 것이다, 내 식대로 장소 속의 일상생활을 바라봄이 다소의 왜곡을 가져올 수도 있겠지만, 그 왜곡마저도 인간적이라고 말하고 싶다.

우리 스스로가 감당할 수 없는 조건인 경제인이나 가치중립적 태도 등으로 관찰자를 정의하거나, 전제를 깔고 하는 자기 속임에서 벗어나, (조금 서툴고, 조금 효율성이 떨어지고, 주관이 개입되어 객관성이 떨어질지라도) 나의 눈에 들어오는 대로 관찰하여 그것을 서술하고 싶다. 왜냐하면 우리는 (늘 그렇진 못하더라도) 주체적 존재자로 살아가고 싶기 때문이다. 이런 생각으로 나는 "'생활 세계', 즉 우리가 살고 있고, 날마다 생활에서 직접적으로 알게 되고 경험하는 일상의 환경과 상황에 관심"을 가지면서, '우리 시대와 장소에 대한 정직한 목격자'(에드워드 렐프, 2008: 8)가 되고자 한다. 특히 우리 사회에서 동시대를 살아가는 소수자, 즉 사회적 약자들이 살아가는 장소에 대한 정직한 목격자가 되고 싶다. 우리 사회를 권력 관계의 측면에서 볼 때, 상대적으로 권력을 적게 가진 사람들인 사회적 약자들이 주로 경험하는 장소를 보고 싶다. 예를 들어, 인구 연령 면에서는 청장년보다는 어린이와 노인을, 학교 생활 면에서는 모범 학생보다는 일탈 학생을, 주택 면에서는 고급주택 지구나 아파트 단지보다는 서민들이 사는 셋방이나 골목길을, 인종 면에서는 우리 속의 디아스포라인 국제결혼 이주자들을, 성별 면에서는 남성보다는 여성의 장소에 대한 충실한 목격자가 되고 싶다. 장소 안의 사람들의 삶을 목격하여 그들의 삶의 모습을 보다 생생하게 전하고 싶다. 우리 사회 속에서 살아가는 소수자들의 일상적인 삶이 일어나는 장소들, 즉 다리 밑, 다방, 필리핀 식당, 가맥(街麥)집, 버스 정류장, 화장실, 공원, 학교 등이 그런 장소다.

차 례

감사의 글 |5

머리말 일상의 삶과 장소 |6

1 생활 속에서 만나는 장소

가게 살아남아야 할 이유를 가진 장소 |16

가맥집 삶의 원형질을 지닌 장소 |25

광고 게시판 보고 싶지 않으나 볼 수밖에 없는 장소 |34

다리 밑 • 1 가난한 노인들이 삶의 존재감을 확인하는 장소 |43

다리 밑 • 2 가난한 노인들의 실존적 삶이 존재하는 장소 |50

필리핀 식당 우리 사회 속 디아스포라를 위한 장소 |60

커피 전문점 개인 취향과 상업 자본이 만나는 장소 |70

다방 세월을 잇대어 사는 사람들의 추억이 머무는 장소 |79

2 개인의 삶이 묻어나는 장소

고향 성장기의 기억과 나를 이어 주는 장소 |90

화장실 누구나 사용하고 있지만 아무도 보여 주지 않는 장소 |101

몸 나와 세상을 이어 주는 장소 |110

3 타인과 함께 나누는 장소

공원 따로 그리고 같이 노니는 장소 | 122

공항 일상으로부터 일탈을 꿈꾸는 장소 | 131

길 타자의 세계로 나를 이끄는 장소 | 140

다리 분리된 두 곳을 이어 주는 장소 | 150

모정과 마을회관 농촌의 소통 공간이자 공동체 공간인 장소 | 159

버스 정류장 일터와 쉼터를 이어 주는 장소 | 170

벤치 오가는 사람들의 쉼을 주는 장소 | 180

학교 삶의 관계망을 형성하는 장소 | 190

맺음말 장소 경험, 장소감(場所感)이 주는 마음의 변덕 | 198

참고문헌 | 205

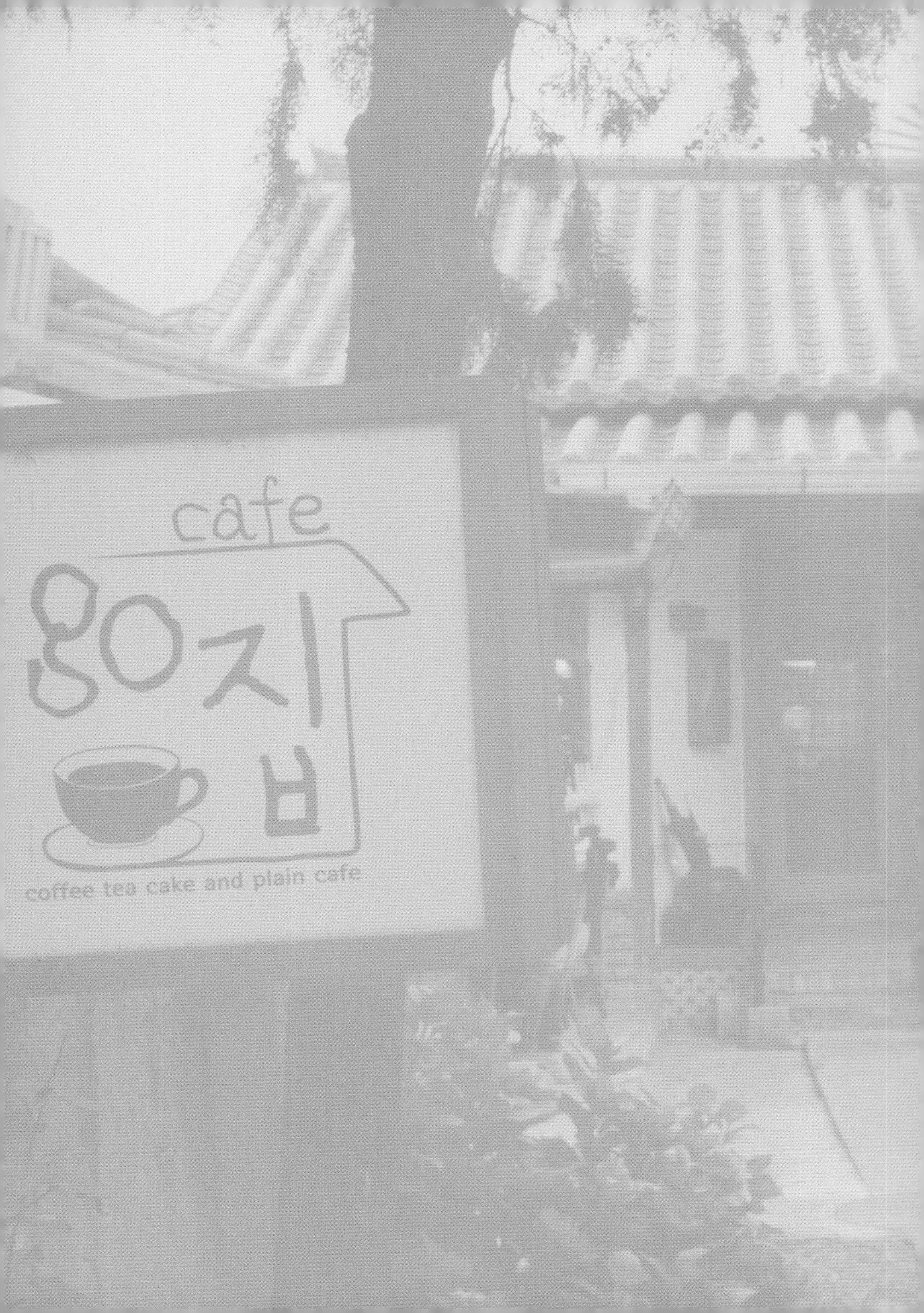

cafe
go집
coffee tea cake and plain cafe

1

생활 속에서 만나는 장소

가게

살아남아야 할 이유를 가진 장소

> 사람들은 점방 주인을 통해 읍내 소식을 듣기도 하고, 시간이 모자라 누군가에게 전해 주지 못한 물건을 점방에 부담없이 맡겨 놓기도 했다. 그 시절 점방은 단순히 물건을 팔아 이윤을 남기는 곳이 아니었다. 점방은 오가는 사람들의 쉼터였고, 정류장이었고, 정보의 교환장이었다. 언제부턴가 그런 풍경이 사라지기 시작했다. (정지아, 2010: 27)

아이들이 어렸을 때는 슈퍼마켓에 가는 일이 자주 있었다. 고사리 같은 손에 이끌려 아파트 상가의 지하에 자리 잡은 슈퍼마켓에 자주 들르곤 하였다. 그곳에는 아이들이 좋아하는 '초코파이', '쭈쭈바', '추파춥스', '에이스' 등이 줄을 서서 유혹하고 있었고, 나는 아이들의 성화에 못 이기는 척하며 과자 등을 사 주곤 하였다. 아이들과 함께 동행을 한 아내는 쓰레기 봉투와 간단한 찬거리를 사곤 하였다. 이렇듯 동네의 슈퍼마켓은 일상의 작은 행복을 맛보게 해 주는 곳이었다. 두 아이들이 커서 그 슈퍼마켓을 어떤 장소로 기억할지 궁금해진다.

슈퍼마켓의 원형질적인 표현은 가게이다. 가게는 물건을 파는 작은 규모의 집이다. 이 정의에는 물건을 판다는 의미와 규모가 작다는 의미가 동시에 있다. 이곳에서는 주로 사람이 일상적으로 살아가는데 필요한 물건이나 기호품, 즉 쌀, 콩, 조미료, 고무줄, 비닐봉지, 아이스크림, 소주, 칫솔, 사과, 배추, 파, 당근, 캔 음료, 콜라, 사이다, 담배, 막걸리, 소금 등을 판다. 이처럼 가게는 생활에 필요한 물건을 팔기 때문에, 없는 것 빼고 다 있는 곳이다.

가게에는 상호商號가 붙기 마련이다. 주인은 오가는 사람들에게 가게를 알리기 위하여 출입문이나 벽면에 간판看板을 단다. 그 이름으로는 '동네상회', '정문슈퍼', '현대마트' 등이 흔하다. 간판에 붙인 가게의 이름은 보통 앞자리에 고유 명사를 붙이고, 뒷자리에는 물건을 파는 곳임을 알리는 글자가 붙는다. 세월의 흐름과 함께 그 이름도 점방, 구멍가게, 상회, 슈퍼, 마트 등으로 진화하였다. 이 진화 과정을 보면 간판의 이름이 외래어로 변화하고 있다는 것과, 그 변화와 함께 가게의 규모도 점점 커지고 다양화되고 있음을 알 수 있다. 외래어가 범람하는 시류에 맞추어 서구식의 가게들이 들어서면서 가게의 이름도 외래어로 변화하고 있는 것이다. 외래어를 쓰면 괜히 뭔가 있어 보이고 달라 보일 거라는 주인의 조바심을 반영한 것으로 보인다. 요즘 아이들의 이름이 '순자'에서 '수지'로 변화되더라도 한국 사람임을 부인할 수 없듯이, 그 이름이 뭐라 변하든 가게가 생활필수품을 위주로 잡화를 파는 것은 변함이 없다.

내가 어릴 적 기억하는 가게는 점방이다. 점방도 가게의 원형이라 할 수 있다. 점방은 사전적 의미로는 가게에 딸린 방을 의미하지만, 보통 가게로 통칭되었다. 어릴 적에 보았던, 지금도 그 일부가 남아 있는 점방의 출입문에는 격자형 유리를 낀 미닫이문이 있고, 그 문을 열면 빼곡하게 물건을 펼쳐 놓은 좁은 진열 공간이 있다. 그리고 진열 공간 너머 안쪽에

소규모 가게

는 살림살이를 하는 곳이자 카운터 역할을 하던 방이 딸려 있다. 방안에 있던 주인은 미닫이문에 달아 둔 종소리로 사람의 인기척을 알아차린다. 안방의 작은 미닫이문 창호지의 일부를 잘라 내고 그곳에 붙인 유리창 너머로 손님을 살펴보곤 하였다. 작은 규모의 가게인 점방은 구멍가게라는 친근한 이름으로 불리기도 하였다. 그 이름을 뭐라 부르든 가게는 생활의 최전선에 존재하는 장소임에는 틀림없다.

가게들은 사거리 모퉁이나 버스 정류장, 주택가 등에 자리를 잡는다. 오가는 사람들의 시선을 붙잡기 좋은 길목이 그런 곳이기에 그렇다. 도시화가 고도로 이루어지기 전, 주택 지구의 가게는 동네의 중심지였다. 사람들은 집에서 가게로, 혹은 일터에서 가게를 지나 집을 오갔다. 가게

중규모 가게

는 그들의 동선動線을 이어 주거나 잡아 두는 장소다. 이 동선들은 동네 공동체를 형성하는데 있어서 핵심적인 역할을 수행했다. 주택가에 자리 잡은 가게들은 주민들의 삶과 매우 밀착됨으로써 소위 단골손님이 형성된다. 그리고 단골은 가게에서 물건 값을 바로 지급하지 않고서도 외상으로 물건을 살 수 있고, 주인은 다음에 물건 값을 받을 것을 믿으면서 물건을 내준다. 그래도 사는 자와 파는 자 간에 거래 기억을 확실하게 해 두기 위하여 필요한 경우에는 외상 장부를 두기도 한다. 이것은 서로 믿고 사는 신뢰 사회를 구축하는 토대가 된다. 이런 면에서 가게는 생활 밀착형 신용 사회의 원형을 간직하던 곳이다.

그러나 가게의 규모가 커지면서 주인이 가게의 내부 전체를 한눈에 지

가게의 내부

켜볼 수 없게 되었다. 주인은 가게를 찾는 사람을 고객으로 보지만, 동시에 물건을 훔치는 사람일 수도 있음을 간과하지 않는다. 그래서 주인은 가게의 사각지대에 볼록 거울을, 심지어 폐쇄회로 TV를 달아 두기도 한다. 동네 공동체가 붕괴되면서 가게를 찾는 사람들도 익명의 불특정 다수가 되고, 주인은 이들의 잠재적 범죄 가능성을 경계한다.

가게는 소통의 장이었다. 가게를 중심으로 한 생활이 무르익으면 동네 사람들은 가게 주인과 일상생활 속에서 벌어지는 다양한 삶의 이야기들을 나누었다. 때로는 주인과 손님 이상의 관계가 형성되어, 서로의 사생활도 공유할 정도로 삶을 함께 나누기도 했다. 그러나 소통이 너무 잘 이루어지면 역기능을 낳기도 한다. 가게 주인이나 손님이 입이 가벼운 경우에는 동네 사람들의 비밀스런 이야기나 사생활 정보가 마구 퍼져 분란을 초래할 때도 있다.

또한 가게는 세상 돌아가는 정보의 보고이기도 하였다. 동네 정치에서부터 국내 정치 전반을 다루면서 여론을 형성하던 곳이며, 자녀들의 중매를 부탁하던 곳이기도 했다. 오랫동안 동네를 지켜 온 가게는 터줏대감이 되어 동네 생활사의 산증인이 되어 왔다.

하지만 무엇보다도 가게는 물건을 파는 기능이 중심을 이루며 유통이 일어나는 곳이다. 중간업자가 트럭이나 탑 차에 물건을 가득 싣고 와서 가게에 물건을 공급해 준다. 그러나 부지런한 주인은 중간업자를 거치지 않고서 도매시장에서 야채나 과일 등을 직접 떼어 온다. 그리고 이렇게 공급을 받거나 직접 구입해 온 물건을 다시 소비자에게 분배해 주는 기능을 한다. 가게를 중심으로 공급자와 소비자가 만나는데, 공급자와 가게 간의 연계를 전방연계前方連繫, 가게와 소비자 간의 관계를 후방연계後方連繫라 부른다. 가게의 주인은 소비자가 선호하거나 잘 팔리는 상품을 사람들의 눈에 잘 띄는 곳에 진열한다. 이것은 가게의 매출, 즉 수입과 직접적인 관련이 있다.

가게는 어느 곳에 있든지 간에 나름대로의 고객층과 그 범위를 가진다. 다시 말하여 잠재적 고객이 모여드는 일정한 지리적 범위인 상권을 지니고 있다. 상권의 범위가 넓을수록 보다 많은 잠재적 고객을 확보할 수 있기 때문에 가게 주인들은 상권을 확보하기 위하여 서로 무한 경쟁을 한다. 일정한 공간 내에 가게의 수가 늘어나면 경쟁은 더욱 거세진다. 이럴 경우 공급자 중심의 구조는 무너지고 소비자의 선택권은 넓어진다. 그래서 가게 주인은 소비자의 발걸음을 잡아 두기 위해 갖은 아이디어를 다 동원한다. 소비자를 고객으로 확보하는데 가장 좋은 방법은 물건 값이다. 값을 낮추기 위하여 깜짝 세일, 정기 세일, 기획 상품, 미끼 상품, 사은품, 덤, 떨이 등의 다양한 마케팅 전략을 세운다.

물건 값의 인하는 자본의 게임이다. 자본력이 풍부한 대형 마트와 기업형 슈퍼인 슈퍼 슈퍼마켓Super Supermarket: SSM은 작은 규모의 가게들을 짓누르고 경쟁을 일삼는다. 거대 자본 집단인 그들은 자본주의 사회의 자유 경쟁이라는 미명하에 동네 가게들을 융단 폭격하고 있다. 대형 마트는 저가 공세를 하고, 기업형 슈퍼는 자신의 대형 몸체를 작은 몸집으로 줄이거나 중간 규모의 가게들을 인수하여 동네에 위장 전입한다. 그리고 관공서로부터 영업 허가를 받으면 자본가의 본색을 드러내며 작은 가게들을 공격한다. 특히 기업형 슈퍼는 골목 가게들의 장점인 주민들과의 문전門前 연결성을 답습하여 집의 문을 나서는 고객을 곧바로 매장으로 끌어들이는 영업 전략을 내세우고 있다. 그들은 문어발식 경영으로 골목 가게들의 상권에 '빨대'를 대고 한입에 쪽 빨아들인다. 이들과의 고단한 싸움에서 그나마 가게가 경쟁력을 가지고 있는 것은 담배와 쓰레기 봉투뿐이라는 자조 섞인 말이 이들의 현주소를 말해 준다.

거대 자본의 횡포가 아무리 심해도 가게가 살아남아야 할 이유는 많다. 그 어떤 이유보다도 처자식을 먹여 살리는 생존을 위한 터전이기 때문이다. 가게는 '오랜 세월 동안 우리 삶을 어떤 때는 질퍽하게, 또 어떤 때는 차지게 만들어'(정근표, 2009: 243) 준 곳이다. 돈을 벌어 가족의 생계를 꾸리고 자식들을 교육시키는 등의 일상적인 삶을 영위할 수 있게 해 주는 수입원인 것이다. 거대 자본의 횡포가 파도처럼 밀려와도 가게의 주인은 가족의 생계를 위하여 온몸으로 버텨 내고 살아남아야 한다. 그러나 현실은 규모가 크고 편리하고 깔끔하며 폼도 나고 물건의 선택 가능성이 높은 곳으로 속절없이 이동하는 손님들을 잡아 두기가 만만치 않다는 사실이다.

두 번째 이유는 지역 사회의 가게들은 생활 현장에서 돈의 흐름을 이어 주는 실핏줄과 같은 기능을 한다는데 있다. 주민들이 동네 작은 가게들에서 물건을 사 주면, 여기서 사용한 돈이 다른 주민들을 먹고 살게 만드는 경제 먹이사슬을 촘촘히 이어 간다. 대형 마트나 기업형 슈퍼는 지역의 자본을 수도권으로 유출하는 기능을 주로 하기에 동네의 풀뿌리 경제를 이어 주는 실핏줄과 같은 역할을 할 수가 없다. 동네의 가게들은 작지만 지역에서 산소 같은 기능을 하여 튼튼한 자생 경제를 이룩하는데 기여한다. 우리는 이런 역할을 하는 동네 가게들을 거대 자본의 진입으로부터 보호할 방안에 대해서 지혜를 모을 필요가 있다.

유통 시장은 자본의 질서만을 절대 기준으로 보는 것을 떠나서 삶을 영위하는 실존자들이 서로 상생할 수 있는 길을 만들어야 한다. 골리앗 같은 거대 자본인 대형 마트와 기업형 슈퍼들이 그들의 덩치에 걸맞는 상행위를 할 수 있도록 지역 경제의 주체들이 나서야 한다. 특히 자치단체들은 대형 마트나 기업형 슈퍼들의 입점을 완전히 규제할 수는 없겠지만 이들이 지역의 가게들과 상생할 수 있도록 영업 시간, 영업 품목, 기존 재래시장이나 가게들과의 일정한 간격 유지 등의 조례를 정하고, 엄격한 교통환경영향평가, 위장개업 시 인허가 금지 등의 행정조치를 보다 적극적으로 실시해야 한다. 이렇게 해서 동네 가게들이 숨 쉴 수 있는 공간과 여유를 가질 수 있게 해야 한다. 그리고 동네 가게들은 정확한 소득 신고, 주민 서비스 강화 등으로 지역 살림에 적극적으로 기여하는 모습을 보여야 한다. 비록 우리가 약육강식의 엄정하고 냉혹한 경쟁 속에서 살고 있지만, 강자이자 대자본가인 대형 마트와 기업형 슈퍼가 상대적 약자이자 영세 자영업자인 동네 가게에게 양보함이 보다 정의롭고 아름답다.

가게는 어릴 적 기억의 장소이자 실존의 장소이다. 세 끼 밥 먹는 것 외의 것들을 사치로 여기던 때에 군것질이라는 짜릿한 즐거움을 주던 추억의 장소이다. 그리고 한편으로는 일상의 치열한 삶과 생존 공식이 존재하는 실존의 장소이다. 지금 그 장소가 위기에 처해 있다. 다음의 인용문으로 나의 생각을 대신하고 싶다.

> 장소란 돈으로 살 수 있는 것이 아니다. 보통 오랜 시간에 걸쳐, 평범한 사람들의 일상생활을 통해 형성되어야만 한다. 그들의 애정으로 장소에 스케일과 의미가 부여되어야 한다. 그리고 나서 장소가 보존되어야 한다.
>
> (에드워드 렐프, 2008: 173)

가맥집

삶의 원형질을 지닌 장소

시민사회를 지향하고자 하는 사람들의 모임에서 회의를 마치면 종종 뒤풀이를 하곤 한다. 그곳은 사무실에서 지근 거리에 있는 '도일슈퍼'라는 가맥집이다. 전주에 사는 사람들은 익숙하게 가맥집을 찾는다. 또한 전주를 방문하는 사람들도 인터넷 검색을 통하여 유명 가맥집을 어렵지 않게 방문한다. 이렇듯 가맥집은 전주의 문화 코드로 자리를 잡고 있어서 많은 사람들이 찾는 장소가 되었다. 타 지역의 사람들에게는 아직 생소한 용어이자 장소이겠지만, 지역 사회에서는 익숙하고 친근한 용어이자 장소이다.

가맥은 가게와 맥주의 합성어로서 '가게 맥주'의 줄임말이다. 가게라 함은 보통 잡화점이자 작은 슈퍼마켓이다. 이곳에서는 생활필수품과 함께 과자류나 음료수 등을 판다. 그리고 가게의 유리창이나 벽면에는 '담배' 마크가 붙어 있다. 독점적 지위를 보장 받는 담배 판매는 상대적으로 높은 수입을 얻을 수 있다. 또한 이 가게에서는 맥주를 판다. 그러나 가맥집의 맥주는 가게에서 파는 맥주를 지칭하는 용어가 아니다. 가맥집은 맥주를 사서 그 자리에서 마실 수 있는 가게를 의미한다.

가맥집의 입지는 대로의 번화가보다는 그 대로의 후미진 곳에 있다. 세월에 밀려서 한발 뒤로 물러서 있는 다방과 마찬가지로, 주로 큰길보다는 이면도로 상에 있다. 유명한 '전일슈퍼' 가맥도 전주 도심을 동서로 가르는 충경로에서 벗어나 이면도로상에 있다. 자주 가곤 하는 구 중앙우체국 옆의 가맥집 '도일슈퍼'도 전주 팔달로에서 비켜서 있다. 가맥집의 최적 입지는 이면도로와 이면도로가 만나는 사거리이다. 이 사거리는 걸어 다니는 사람들의 접근성이 가장 높은 곳이다. 사람의 왕래가 가장 잦은 곳이어서 그곳을 걷는 사람들의 시선에 잘 띄기도 하고, 때로는 시선을 붙잡기에도 좋다. 가맥집은 화려한 네온사인이 머무는 곳이 아닌, 도시의 전형적인 가로등이 있는 곳에 있다. 그 목이 좋은 좁은 사거리에는 유행가 가사처럼 가로등이 졸고 있다. 가로등은 보통 전봇대의 중턱에 매달려 있는데, 세월의 무게를 이기지 못하고 희미한 불빛을 힘겹게 토해 내며 어두운 골목 사거리를 밝혀 주고 있다. 가맥집들도 간판에 조명 시설을 갖추고 있으나 그 기능을 하기에는 역부족인 듯 보인다. 그 흔한 LED 조명 간판도 없다. 간판의 평면에 거친 글씨로 가게의 상호가 새겨져 있다.

또한 대로에서 비켜서 있는 이면도로는 보통 1차선이나 좁은 2차선이다. 대로에서 비켜서 있기에 이면도로상에는 갓길 주차가 성행하고 있

가맥집의 입구 모습

다. 사람들이 이면도로의 갓길에 주차를 해 둔다는 것은 곧 차를 두고 주변 지역의 어디론가로 걷는 사람이 있다는 뜻이다. 직장에서 퇴근을 하거나 삼삼오오 모임이 있는 사람들은 해거름이 시작되면서 하나둘씩 가맥집으로 들어선다. 그들은 가맥집에서 한 잔의 맥주를 앞에 두고서 세상 살아가는 이야기를 펼친다.

가맥의 내부 구조는 보통 물건을 파는 공간, 맥주를 마시는 공간, 조리를 하는 공간으로 구성되어 있다. 물건을 파는 공간에는 철제 앵글로 만든 선반 위에 음료수, 과자, 안주거리 등이 진열되어 있다. 작은 4인용 탁자를 서너 개 내지 십여 개 정도 갖추고 있는 공간은 손님들이 술을 마시는 공간이다. 일부 가맥집에서는 가게 앞의 길거리에 간이 탁자를 둠으로써 술 마시는 공간이 밖으로 확장되어 있기도 한다. 그리고 조리하는 공간에서는 손님들을 위한 간단한 안주와 간장 소스 등을 만든다.

가맥의 기원에 대해서는 아직 정확한 설이 없다. 하지만 우리 지역의 문화로 자리 잡고 있는 가맥의 기원을 어릴 적 저녁 식사 즈음에 아버지를 찾으러 다니던 나의 기억에서 찾을 수 있을 듯싶다. 아버지를 가장 잘 찾을 수 있는 곳은 동네 가게였다. 아버지는 나의 예상에 빗나감이 없이 늘 그곳에 계셔서 나의 수고로움을 덜어 주셨다. 그곳에서 아버지는 동네 아저씨들과 술 한잔을 걸치고 계셨다. 술안주로는 초라한 김치 쪼가리와 멸치 몇 마리 그리고 고추장 정도였던 것으로 기억한다.

동네 가게 집의 평상이나 문간에 걸터 앉아서 마음 편하게 그리고 조촐하게 술을 마시던 문화가 도시에서는 동네의 작은 슈퍼에서 비슷하게 행해졌다. 그저 같은 장소에서 삶을 나누며 살아가는 친한 동무나 이웃들이 함께 술잔을 나누던 술 문화가 오늘에까지 이어지고 있는 것으로 생각된다. 단지 어릴 적에 보았던 걸쭉한 막걸리가 가맥집에서는 상대적으로 조금 사치스럽고 고급화된 맥주로 바뀌었을 뿐이다. 술의 종류가 달라지면 안주도 달라지는 법이다. 그래서 안주였던 멸치도 진화에 진화를 거듭하여 누런 황태와 씹히는 맛이 일품인 갑오징어로 변하였다. 그리고 김치는 배고픈 술꾼들의 식사 대용을 겸할 수 있는 계란말이로 변신을 했다. 가맥의 기원이 어떠하든지 간에, 분명한 것은 가맥이 이 시대를 살아가는 사람들의 삶의 양식의 소산이라는 점이다. 그렇기에 가맥은 우리 시대와 사회의 문화임이 틀림없다.

가맥의 꽃은 값이 싼 맥주다. 이곳의 맥주는 일반 술집의 맥주보다 값

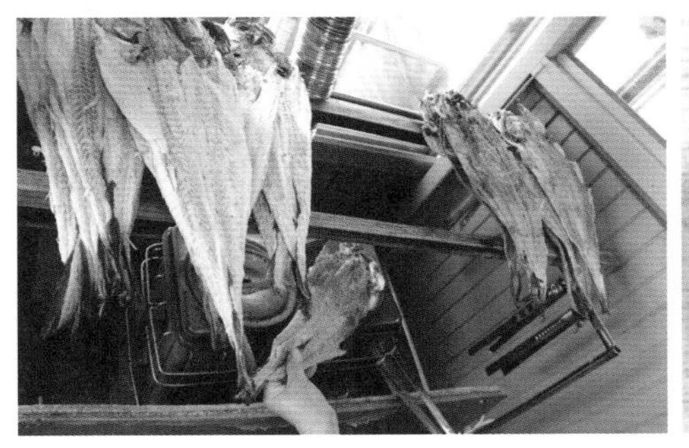

연탄불에 굽는 황태와 간장 소스

이 싸다. 맥주 값이 싼 것은 일반 술집에서는 영업용 맥주를 파는 반면, 이곳에서는 소매용 맥주를 팔기 때문이다. 두 종류의 맥주에는 서로 다른 주세가 부과되어 있는데, 일반 소매용 맥주에는 영업용 맥주보다 상대적으로 낮은 주세가 부과되어 있기에 술값이 싼 것이다. 또 다른 가맥의 매력은 차별화된 안주에 있다. 일반 술집에서는 안주 값이 술값보다 비싼 경우가 허다하기에 술을 찾는 사람들에게는 비싼 안주 값이 부담스러운 것도 사실이다. 그러나 가맥집에서는 안주를 화려하게 장식하여 사람들을 현혹시켜 비싸게 파는 일은 없다. 그저 망치로 두드리고 불로 구운 안주가 전부이다.

대표적인 안주인 황태와 갑오징어는 두드려야 맛이 난다. 과거에는 손에 망치를 들고 두드려서 그 육질을 부드럽게 하였지만, 지금은 무쇠로 만든 기계로 두드린다. 이것은 곧 일부 가맥들이 고객 수요에 부응하기 위하여 일종의 대량 생산 체제를 갖추고, 동시에 인건비도 줄이려는 의도가 있음을 의미한다. 어느 가맥집의 두드리는 기계에 스타벅스의 아이스커피 컵이 걸려 있어서 주인에게 물으니, '갑오징어를 두드릴 때 기계에서 기름이 튀는 것을 방지하는 장치'라고 한다. 이렇게 두드려진 안주는 그 육질의 특성에 맞게 제공된다. 황태는 연탄불에 구워서 먹고, 갑오징어는 쫙쫙 찢어서 먹는다. 황태를 굽는 냄새는 입 안의 침샘을 자극하기에 충분하다. 갑오징어는 연체동물일지라도 뼈대 있음을 증명이라도 하듯 몸 안의 석회질 뼈를 쓰레기통에 장렬히 남기고 기꺼이 안주가 된다. 그리고 여러 겹으로 계란을 말아서 만들어 낸 그 두툼한 계란말이는 보기에도 먹음직스럽고 맛도 담보하고 있다. 밥때를 놓치고 가맥집으로 직행한 사람들에게는 식사 대용으로도 안성맞춤이다.

가맥집을 찾는 사람들의 입맛을 사로잡는 또 하나는 간장 소스이다. 이 소스에는 중독성이 있어서 한 번 맛을 본 사람이 다시 가맥을 찾게 만든다. 그래서 가맥집들은 저마다 황태와 갑오징어를 찍어 먹는 간장 소스를 개발하여 사람들의 입맛을 사로잡으려고 안간힘을 쓰고 있다. 이 장맛에 길들여진 사람들은 다시 찾는 마법에 걸린다. 그리고 그 소문은 입에서 입으로 세인들에게 전해진다.

사람들이 가맥집을 찾는 가장 큰 요인은 경제적인 측면에 있다. 상대적으로 경제적인 부담을 적게 느끼고 싶은 사람들이 싼 맛에 이 장소로 몰려든다. 화려한 네온사인이나 실내 조명 같은 내부 장식은 없지만 사람들은 남녀를 불문하고 이곳에 온다. 가맥집들은 불필요한 서비스 비용을 최소화하여 실속파 고객들을 불러 모은다. 자본이 지배하는 질서에서 상대적으로 자유롭지 못한 사람들이 이곳을 찾을 확률이 높다. 기호와 유행에 따라서 술꾼들의 취향도 달라지긴 하지만, 가맥집은 안정적인 고객층을 형성하고 있다. 술을 싸게 먹고 싶은 사람들의 층이 두텁게 형성되어 있음의 반증이다. 가맥은 자본의 소유 정도에 따라서 주류 문화 역시 계층화되고 있음을 보여 주는 곳이다. 가맥도 술집의 계급 중 한 위치를 점유하고 있는데, 그 위치는 가장 낮은 층위에 속해 있을 것이다. 포장마차에서 고급 룸살롱에 이르기까지 다양한 층위를 이루고 있는 술집 중에서 술을 마실 곳을 선택하는 기준은 애주가의 경제 수준이 될 가능성이 높다. 주류 문화에도 계급적 분화가 이루어져 있어서 경제력이 사람들의 레저나 향락에도 결정적인 영향을 주는 것이다.

같은 계급의 술집에서 술을 마시는 사람들은 동질성을 지닌다. 연령의 층은 다양하지만 심리적 층은 유사하다. 이곳을 찾는 주객은 혼자 오는 경우가 거의 없고 누군가와 함께 동행한다. 나름대로 고상을 떠는 카페나 바에서처럼 우아스러움을 떨면서 술을 마시지도 않는다. 시끄러운 실내에서 함께 온 이들과 대화를 해야 하니 더욱 소란스러워지기도 한다. 맥주를 마시며 로비나 비즈니스 등에 관한 대화보다는 살아가는 일상적인 삶의 얘기가 주를 이룬다. 아마도 노동자들이 "함께 일하고 가까이서 더불어 살며 친구의 여동생과 결혼하고", "'동료들'과 맥주를 마시고 음식을 먹던"(레이첼 페인 외, 이원호·안영진 역, 2008: 83) 런던 부두의 선술집에서도 비슷한 대화가 이루어졌을 것이다. 그래서 이곳을 찾는 사람들에게는 보다 동질적이며 소시민적인 모습이 담겨 있다. 가맥집에 대한 장소감은 개인적인 느낌이나 선호 등의 영향을 많이 받긴 하지만, 그 개인이 속해 있는 사회적, 문화적, 경제적 상황의 영향도 크게 받을 수 있다. 그래서 가맥집은 비슷한 사회적 경험을 가진 자들이 구축한 의미의 공간이자 문화적 장소라고 볼 수 있다.

가맥집에도 시비는 존재한다. 술을 찾는 고객은 한정되어 있어서 비슷한 층위의 술집들끼리는 서로 고객을 나눠 가져야 하므로 업소 간의 경쟁이 발생한다. 경쟁 업소는 가맥집 가게 내에서 맥주를 팔려면 영업용 맥주를 팔아야 하는데 소매용 맥주를 판다는 점에 문제를 제기한다. 술집의 종류는 달라도 술을 파는 행위가 동일하다면 똑같은 주세를 부과하는 맥주를 팔아야 하고, 이를 어기는 것은 불공정한 상행위이며 결과적으로 탈세를 행한다는 논리이다. 그리고 가맥집은 일반음식점이 아닌 잡화점으로 영업 허가를 받았기에 계란말이 등과 같은 음식을 조리해서 팔 수가 없으며, 이를 행하는 것은 현행 식품위생법을 위반하고 있음을 지적한다.

일반적으로 가맥집은 생업을 위한 영업 공간이다. 우리들의 삶 속에서 가게 주인과 손님이 술을 매개로 하여 삶을 나누는 장소이다. 그러기에 가맥집 안에는 우리들의 삶의 원형질이 담겨져 있어서 우리 사회의 문화로 자리 잡고 있는 것이다. 하지만 일부 가맥집은 성업을 이루어 돈벌이가 되다 보니 영업망을 확대하여 분점을 내고 있다. 거창하게 표현하면 가맥의 프랜차이즈화가 이루어지고 있다. 자본주의 사회에서 자본의 확대 재생산을 뭐라 할 수는 없지만, 가맥이 기업화 및 프랜차이즈화 되는 것은 생업을 위한 공간으로서의 기능을 상실해 가는 것을 의미한다. 그 결과, 가맥집의 미니 슈퍼마켓으로서의 기능, 즉 소시민들에게 생활필수품을 파는 기능이 퇴화되고 있다. 이것은 곧 가맥의 가게로서의 기능은 사라지고 맥주를 파는 술집으로서의 기능만이 중심을 이루게 됨을 의미

한다. 미니 슈퍼마켓의 기능은 단순히 잡화점으로서 영업 허가를 받기 위한 허울로 전락하고 있는 것이다. 이런 식으로 변화되고 있는 모습, 그 자체를 가맥집의 진화 과정으로 볼 수도 있을 것이다.

그러나 가맥집이 여전히 우리들의 삶의 원형질을 지닌 공간으로서 그 생명력을 오랫동안 지니기 위해서는 생활필수품 등의 일상생활에 필요한 물건을 파는 기능과 부수적으로 술을 파는 기능이 조화를 이루어야 한다. 이럴 때 가맥집은 다른 술집들과 구별되는 자기 정체성을 유지할 수 있고, 또한 우리 사회에서 문화 정체성을 가진 삶의 장소로서 빛을 발할 것이다.

광고 게시판

보고 싶지 않으나 볼 수밖에 없는 장소

출퇴근길을 오가면서, 자동차를 타고 다니면서 혹은 거리를 걸으면서 아주 흔하게 접하는 대상이 광고 게시판이다. 이것은 크고 작은 규모, 알록달록하고 밋밋한 색깔, 현란하고 차분한 문구 등으로 나의 시선을 사로잡아 발길을 멈추게 한다. 세인들의 시선을 붙들려고 갖은 아이디어를 내서 만든 광고물이 게시판에 걸려 도시의 거리를 지배하고 있다. 마치 "날 좀 봐주세요!"라고 호소하듯이 거리의 한쪽을 차지하고 있다. 때로는 지정된 장소에 게시하지 않음으로써 도시 미관을 해치는 주범이 되기도 한다.

광고 게시판은 보통 평면적 구조이다. 누가 뭐래도 사람들이 봐 주어야 목적을 달성할 수 있기에, 그 안의 광고물은 보는 사람의 눈에 가능한 한 잘 띄게 하기 위하여 강한 색이나 굵은 글씨를 이용하여 제작된다. 광고 게시판은 자신이 지닌 정보를 세상 사람들에게 드러내서 불특정 다수에게 정보를 준다. 그러나 그 내용의 진위를 확인할 수 없기 때문에 사람들을 현혹시켜 경제적, 심리적 피해를 줄 수도 있다.

광고 게시판은 기본적으로 묵시적 정보 수용자인 타자에게 게시한 내용이나 정보를 알리는데 목적이 있다. 누군가가 광고 게시판 앞을 지나가다 광고 내용을 보고서 낚이기를 기다린다. 광고 게시판은 소극적 광고를 행한다. 그리고 일방적인 광고물이다. 광고 게시판은 빠르기로 소문난 디지털 콘텐츠가 판을 치는 요즘 세상에 우리 곁을 지키고 있는 아날로그 광고물이다. 디지털 광고물과 같이, 광고 게시판도 그것을 읽는 대상을 가리지 않는다. 그 대상은 무차별적이며 무작위적이다. 그 내용이 과장되었거나 거짓인지를 검열하기가 쉽지 않다. 내용의 옳고 그름은 물론이고, 그 내용의 사실 여부도 가릴 수가 없다. 무언가를 갈급해 하거나 심리적으로 불안한 사람들은 쉽게 광고 게시판의 정보를 받아들일 확률이 높다. 정보 소비자에게 모든 책임을 돌리기에는 너무 무책임해 보인다.

광고 게시판은 다면적 정보 공간이 아닌 평면적 구조여서 평면을 이루고 있는 곳에 위치한다. 그래서 지하보도 벽면, 건물 외벽 등 평면이 많은 곳에 흔히 부착되어 있다. 공간을 소비하는 면적이 아주 좁고 벽에 바짝 붙어 있어서 사람들의 통행에 큰 지장을 주지는 않는다. 그러나 광고 게시판은 벽면이 넓다고 해서 어디에나 설치되어 있지는 않다. 광고 게시판은 가능한 한 사람들의 시선에 많이 그리고 자주 노출되어야 하기에 그 목이 생명이다. 당연히 최적의 목은 사람들이 분주하게 오가는 길목이다. 사람들이 분주하게 오가는 곳은 사거리 교차로, 차량 통행량이 많은 도로변, 건널목, 지하철 출입구, 지하보도 출입구 등이다. 최소 비용으로 최대 효과를 얻을 수 있는 곳들이다. 광고 게시판은 바로 그런 곳에 위치한다.

광고 게시판의 입지는 광고 대상이 보행자인지 차량 이용자인지에 따라 다르게 나타난다. 보행자를 위한 입지는 주로 보행자의 동선에 의해서 결정된다. 그 대표적인 사례가 지하철 출입구이다. 지하철 출입구가 많이 있지만, 모든 입구에 광고 게시판이 붙어 있는 것은 아니다. 사람들의 출입이 잦은 곳에 더 많은 광고 게시판이 존재한다. 특히 계단이나 에스컬레이터를 이용하는 사람들을 위해서는 그 경사면에 맞추어 광고 게시판이 부착되어 있다. 광고 게시판의 높이는 평균 키를 가진 사람들의

서울 압구정역 출입구의 광고 게시판

눈높이에 맞추어져 있다.

반면에 차량 이용자를 위한 광고 게시판은 상대적으로 높은 곳에 입지한다. 운전자나 동승자가 차에 앉았을 때 창밖으로 보이는 각도에 맞추어서 광고 게시판이 있다. 광고 게시판이 차량 이용자에게 노출되기 위해서는 운전 시 시야 확보가 잘 되는 곳에 있어야 한다. 그곳이 광고 게시판의 최적 입지이다. 최근 옥외 전광판이 보급되면서 높은 건물의 외벽은 차량 이용자를 위한 광고 게시판의 주요 입지가 되고 있다. 옥외 광고 게시판은 차량 통행이 빈번한 곳에 위치하는데, 아이러니하게도 차량이 밀릴수록 광고 효과가 크다. 그 이유는 차량이 밀리면 운전자의 시선이 광고에 머무는 시간과 빈도가 늘어나기 때문이다. 그래서 차량 통행이 빈번하며 교통 체증이 많아서 교통이 혼잡한 곳이 오히려 광고 게시판의 최적 입지가 되고 있다.

광고 게시판의 광고 내용이 지역에 따라 다른 점도 흥미롭다. 강남의 압구정역 계단의 광고를 보면, 대부분이 성형외과의 광고이다. 이름만 들어도 알 만한 성형외과의 광고 게시판이 역 출입구의 계단을 장식하고 있다. 그것도 주로 얼굴 성형에 관한 내용이다. 우리나라 성형 수술의 대표적인 해방구라는 이 지역의 장소성을 보여 주는 것이다. 반면 대조적으로 종로역 광고 게시판의 내용은 대부 광고가 많다. 사채업자, 제2금융권, 저축은행 등의 광고가 줄을 서 있다. 대출 광고의 핵심은 신용과 상관없이 즉시 대출 가능함이다. 그러나 그 광고 게시판 안에 엄혹하고 살벌한 이자율과 연체율은 돋보기로나 읽을 수 있을 정도로 작게 적혀 있다. 그 재주가 제도권 대출이 어려운 신용 불량자뿐만 아니라 보통 사람들까

서울 압구정역 지하도의 광고 게시판

지 능히 홀리고도 남는다. 또한 농산어촌 지역의 광고 게시판에서는 해외 결혼 알선에 관한 광고가 많다. 농촌 총각 장가 보내기 운동을 담은 게시판은 우리 사회를 다인종, 다문화 사회로 이끄는 첨병이다. 이렇게 광고장이들은 광고 소비자의 구매력과 소비 행태를 꼼꼼히 분석하여 광고 효과를 극대화하고 있다. 그들에게는 지역 주민들과 이동자의 경제 사회 활동 및 취향, 심리 등을 파악하여 적절한 광고물을 게시하는 철저함이 있다. 이는 광고 게시판이 지역의 장소성을 반영하고 있음을 보여 준다.

어릴 적 광고 게시판에 관한 기억이 있다. 그 게시판은 주로 전봇대였다. 전봇대에 급히 풀칠을 하고 그 위에 영화 광고나 생활 전단지 등의 광고지를 붙이고 다시 빗자루로 풀을 덧칠해서 찰싹 달라붙게 하였다. 그러나 뛰는 자 위에 나는 자가 있다고, 먼저 붙인 광고지에 늦은 자가 다시 풀칠을 하여 광고물을 붙이는 경쟁이 있었다. 이를 수차례 반복하고 나면, 전봇대는 누더기가 되곤 하였다. 그리고 도로가에 위치한 벽면은 집주인의 의지와 상관없이 광고 게시판 역할을 하였다. 그 결과, 도시의 미관을 해치는 주범이 되었다.

과거에 비해서 남의 집 담벼락에 광고지를 함부로 붙이는 일은 많이 줄었으나, 여전히 목 좋은 곳은 광고지의 이전투구 장소가 되고 있다. 도시 미관을 위하여 지정 광고 게시판을 만들었지만, 광고 공급자의 욕구를 다 수용하기란 현실적으로 한계가 있다. 무차별적인 광고 공급을 막기 위하여 관공서의 허락을 받도록 하고 있는데, 법은 늘 현실의 절박함보다 멀리 있다. 도시에서 광고지를 아무 곳에나 붙여 놓고 줄행랑을 치는 자들을 단속하기란 참으로 쉽지 않다. 게다가 이런 광고물의 피해자는 도시의 다수자인 타자들이다. 불특정 다수를 향해 마구 쏟아 놓는 광고 홍보물은 타자들에게 시각적 공해 요소가 된다. 타자인 주민들이 강제적으로 광고에 노출되는 바람직하지 못한 현상이 벌어지고 있다.

그러나 한편으론 광고 게시판도 우리의 문화 경관이다. 기본적으로 이것은 문자와 그림과 정보의 종합체이다. 문자와 시각 매체를 적절하게 결합하여 사람들의 시선을 사로잡는 미학을 지니고 있다. 때로는 너무 투박하다고 할 정도로 큰 문자도 그런 미학의 한 단면이다. 광고 게시판의 광고는 문자와 시각 매체를 종합하여 하나의 의미체인 텍스트로 변한다. 그 텍스트는 시대상을 반영하고 사람들의 취향까지도 담아낸다. 그 사회를 지배하고 있는 담론을 가장 현실적으로 담아내는 장치이자, 그 시대를 살아가는 사람들의 가장 절박하거나 주된 요망 사항들이 무엇인가를 보여 주는 바로미터이다. 이렇게 광고 게시판은 단순히 광고 정보만을 제공하는 도구가 아닌, 우리 사회와 그 구성원의 실존적인 삶을 반영한다. 즉 그것을 시각 매체와 문자로 최소화하여 담아내고 있는 표현물이다.

문화의 표현물로서 광고 게시판은 시각 정보에 의존하는 편이다. 시각이 정보를 받아들이는 창이기 때문이다. 따라서 광고의 문구는 시각적 자극을 강하게 남겨야 한다. 또한 사람의 기억력이 오래 가지 않기에 가능한 한 짧은 문구로 광고 내용을 제시해야 한다. 광고 게시판을 스치는 중에도 순간적으로 정보를 각인시킬 수 있을 정도로 강렬한 문구를 자랑해야 한다. 그렇기 때문에 때론 사람들의 말초 신경을 자극하여 시선을 광고 게시판에 잡아 두기도 한다. 시선이 머무는 시간이 길수록 광고는 성공적이다. 시선이 오래 머물수록 광고 게시판의 광고 정보를 오래 기억할 것이고, 그 기억의 정도는 매출을 올리거나 선전을 하거나 사람들을 동원하는 것에 효과가 클 것이다. 광고 게시판의 광고 내용들은 다수의 사람들에게 노출되어 그것이 지닌 정보를 제공하겠지만, 이를 기억하는 주체는 광고를 보는 사람이다. 또 하나의 그렇고 그런 내용들이 게시판에 걸려 있다면 사람들에게 큰 영향을 주지는 못할 것이다.

광고 게시판은 무료한 사람들의 시선을 잡아 두기도 한다. 도시의 삶에서 군중 속의 고독을 느끼는 순간 무심코 광고는 나를 잡아당길 수 있다. 그냥 광고에 시선을 주고서 맥없이 바라보게 될 수도 있다. 도시의 광고 게시판은 도시의 사회적 약자, 가난한 자, 실업자 등의 시선에 하이에나처럼 덤벼들고 있다. 어느 날 광고 게시판의 광고가 벌떡 일어나 우리의 약한 곳을 치고 들어올 수 있다. 그 때 이성적 사유와 판단이 우리의 면역력을 키워 줘서 이 험한 사회를 살아가게 해 줄 것이다.

광고 게시판은 일정한 간격을 두고 설치하도록 강제되고 있다. 도시 경관을 해치는 일을 최소화하기 위한 장치이다. 광고 게시판이 문화 경관이긴 하지만, 너무 난무하면 도시민의 삶의 질을 침해하는 결과를 가져오고 도시 경관을 무질서하게 만들기 때문에 정치·행정적인 힘을 동원하여 규제하고 있는 것이다. 또한 면적도 무한히 제공되지 않는다. 일정한 크기를 두어서 그 면적을 제한한다. 이 규제도 도시 미관을 해치는 것을 방지하기 위함이다.

광고의 내용도 일정한 규제를 받고 있다. 특히나 시각적인 규제가 강하다. 특히 외설적인 사진, 그림 등의 시각 정보에 대해서 민감하게 규제를 한다. 길거리의 불특정 다수에게 노출된 성적 시각 정보는 보다 엄격하게 내용 검열을 받는다. 성적 게시물에 대한 규제는 우리 사회의 성 문화의 허용 정도를 가늠케 하기도 한다. 공적 공간인 광고 게시판에 게시하는 광고물은 해당 관공서의 관인 도장을 받고 있다. 광고 내용이 소위 우리 사회의 미풍양속을 해치지 않는 범위 내임을 인정받는 행위다. 그러나 그것을 인정하는 기준과 결정 과정에는 그 사회의 권력이 개입할 수 있다. 하나의 문화 경관인 광고 게시판도 우리 사회에서 보편적으로 받아들일 수 있는 상식적 범위라는 이름으로 그 내용과 크기와 숫자를 제한받고 있는 것이다. 물론 이 조례나 규제를 할 수 있는 정당성을 기초자치단체나 그 대의기관이 정한 규칙에서 구하고 있다. 이렇듯 광고 게시판은 보이는 혹은 보이지 않는 권력의 지배를 받는다. 물론 이런 지배 권력의 규제를 넘어서 일탈을 감행하는 광고물도 많이 있다. 도시의 광고물은 여전히 지배와 탈지배의 고리 속에서 우리의 일상으로 자리하고 있는 것이다.

광고 게시판은 아날로그 시대의 산물이다. 하지만 현란한 디지털 광고 시대에도 여전히 아날로그 시대의 유물인 광고 게시판은 우리 사회에 굳건히 살아 있다. 현명하다는 스마트폰의 시대에 그것은 과거에 비해서는 그 기능이 줄어들었을지라도 여전히 자신의 역할을 수행하고 있다. 광고의 방법이 빠르게 변해도 광고 게시판의 광고들은 아마도 도시 거리의 벽면에 담쟁이넝쿨 마냥 바짝 붙어서 거센 변화를 버텨 내고 있을 것이다. 지금도 도시의 구석구석에서 자신의 존재 가치를 발하면서 우리 사회의 문화 경관으로 살아남아 있다. 사람들이 몰리는 곳에서는 어김없이 자신의 존재 가치를 부각시키고 있는 광고 게시판에서 우리는 저마다의 방식으로 정보를 얻으며 살아간다. 하지만 한편으로는 그 내용을 보고 광고 정보의 옥석을 가릴 줄 아는 지혜가 요구되기도 한다.

광고 게시판은 우리 사회의 초상임에 분명하다. 하지만 과유불급이라고 했던가, 지나친 것은 문제다. 사람들의 일상생활이나 경관을 해칠 정도로 넘치는 것은 도시의 삶을 영위하는 자들의 자존감을 해칠 수도 있다. 광고 게시판의 광고에 낚이지 않는 지혜가 필요한 시대이다.

다리 밑 • 1

가난한 노인들이 삶의 존재감을 확인하는 장소

몸에 붙은 군살을 빼고 운동도 할 겸 전주천 변을 자주 걷는다. 전주천에는 뛰는 사람, 걷는 사람, 자전거를 탄 사람, 두 팔을 힘껏 휘두르는 사람, 얼굴에 복면(?)을 한 아주머니 등 다양한 사람들이 있다. 과거 개발의 시대에 하천은 오수를 담아 바다로 내려보내거나 장마철 홍수 시 물을 가능한 빨리 흘려보내는 등의 기능을 주로 담당하였다. 하지만 삶의 질이 높아지면서 대접도 달라졌다. 단순히 물을 흘려보내는 통수通水의 기능에서 벗어나 생활 속의 하천이자 생태 하천으로 그 기능이 다양화되었다. 생태 하천으로 거듭난 전주천은 사람들이 틈나는 대로 다가와서 운동하고 걷고 사진을 찍는 등 일상의 공간이 되었다.

하천에 근대식 콘크리트 다리가 놓이면서, 다리 밑이라는 또 하나의 공간이 만들어졌다. 이렇게 한번 만들어진 것은 우리에게 또 하나의 일상이 된다. 한여름의 태양 볕을 피해서 다리 밑으로 모여드는 계절적 현상도 있지만, 계절과 상관없이 하루 종일 다리 밑에 상주하는 사람들이 있다. 다름 아닌 노인들이다. 아마도 처음에는 하루의 소일을 위해서 모였겠지만, 입소문이 퍼지면서 많은 노인들이 모인 결과, 다리 밑은 일상의 장소가 되었다. 단순히 콘크리트 구조물로 이루어진 틈새의 공간이 아니라 하루에 하루를 이어 가면서 친구를 만나고 생각을 나누며 일상의 무료함을 달래는 곳, 즉 함께 모여서 삶을 나누는 장소된 것이다.

다리 밑은 상판, 다리 기둥, 물가, 산책길 그리고 평지인 둔치가 모여서 만들어진 공간이다. 물론 물 건너 쪽의 다리 밑도 같은 구조를 하고 있다. 즉, 하천을 기준으로 대칭적 구조이다. 그런데 양쪽에 다 노인들이 모이는 것은 아니다. 물이 흘러가는 방향을 기준으로 했을 때 유독 하천의 오른쪽 다리 밑에 더 많이 모인다. 그 이유는 생각보다 간단하다. 오른쪽 다리 밑이 더 높기 때문이다. 다리의 상판은 여름에는 햇볕을 막아 주는 역할을 한다. 넓은 그늘을 만들어 사람들의 더위를 식혀 준다. 그리고 외부로부터의 노출을 막아 주는 역할도 한다. 사람들이 노는데 있어서 익명성을 유지해 줌으로써 보다 자유롭고 편하게 다리 밑의 삶을 영위할 수 있도록 도와 준다. 튼튼한 콘크리트 구조물인 다리의 교각은 안정감을 준다. 교각과 상판과 제방으로 이루어진 공간은 사람들에게 그늘을 준다. 다리의 상판이 만들어 주는 그늘과 하천의 맑은 물가는 여름에 다리 밑으로 사람들을 오게 하는 가장 큰 요인이다.

그리고 물가는 시원한 바람길을 형성해 준다. 하천이 통로의 역할을 해 주기에 다리 밑은 바람이 오가기에 적절한 구조다. 또한 산책로도 사람들의 접근성을 높여 준다. 사람들의 오고 감을 쉽게 해 주어 다리 밑으로 보다 많은 사람이 접근할 수 있도록 한다. 다리 밑의 생활에 대해서 관심이 없는 사람들에게도 산책로를 오가면서 다리 밑 사람들의 생활을 볼 수 있게 해 준다. 평지인 둔치는 다리 밑의 물가와 산책로 사이에 존재한다. 이곳이 노인들이 노는 중심 공간이다. 그래서 다리 밑의 황금 입지이며 다리 밑 문화의 대부분이 이곳에서 형성된다. 다리 밑의 교각과 상판 사이의 틈은 노인들이 개인 물건을 넣어 두기도 하고, 저녁에 탁자나 의자를 보관하는 공간으로도 사용된다. 이와 같이 다리 밑은 다리를 구성하는 인공 요소와 하천이 주는 자연 요소가 함께 어우러져 이곳을 찾는 노인들을 위한 최적의 장소가 되고 있다.

다리 밑이 노인들이 일상의 삶을 나누는 장소가 된 모습을 볼 수 있는 좋은 곳은 전주천 어은교 밑이다. 이곳에는 수십 개의 작은 의자, 낡은 소파, 허름한 탁자 등이 있다. 그 의자나 소파의 앞에는 허술하게 수리한 낡은 탁자를 두고 있다. 의자에 앉는 사람들의 의도에 따라서 탁자 위의 모습은 다양하게 나타난다. 화투용의 탁자에는 미끈한 군용 담요가, 장기와 바둑용에는 비닐 코팅이, 카드놀이용에는 얇은 이불이, 그리고 음식을 먹는 용도로 쓰이는 탁자에는 과거 온돌방에서 많이 사용했던 누런 장판이 깔려 있다.

이곳 다리 밑을 찾는 사람들은 대부분 노년층이다. 그런데 상노인만 이곳을 찾는 것은 아니다. 중년을 갓 넘긴 초로의 노인들도 있다. 이곳에서 하루를 보내는 사람들은 서로 다른 곳에 거주하지만 이곳에 온다. 멀리서 그리고 가까운 곳에서 이곳 다리 밑을 찾는 이유는 소일消日을 하기 위함이다. 혼자 집에서 소일을 하는 것보다는 함께 이곳에서 소일을 하고 싶어서 온다. 이곳에서 소일을 하는 이유는 일이 없어서이기도 하고 세월에 밀려 은퇴를 했기 때문이기도 하다. 즉, 소일을 할 수밖에 없거나 소일을 하고 싶어서 온다. 그 이유야 어쨌든 간에 다리 밑에 모인 사람들은 처지가 비슷하다. 처지가 같기에 특별히 눈치 볼 필요가 없다. 그만큼 이곳에 모인 사람들은 심정적 그리고 연령적 동질감을 가지고 있다. 이와 같이 동질성을 가진 사람들은 동병상련이 주는 편안함으로 인하여 서로가 서로에게 무장을 푼다.

또 다른 면에서 보면, 다리 밑만큼 편안하게 서로를 이어 주는 장소가 부족한 점도 그들을 이곳으로 오게 한다. 연금으로 사는 노인층과 달리, 이곳의 노인들은 상대적으로 노년에 대한 준비가 부족한 층이기도 하다. 젊었을 때는 나름대로 한가락했겠지만 노년의 호사를 위한 준비는 신통치 못하였다. 그렇다고 자식들에게 신세지기도 싫다. 소위 평생교육기관이나 문화센터에서 하는 노후를 즐길 만한 각종 취미나 운동 등의 활동은 엄두도 못 낸다. 경제적인 문제는 차치하고 그런 호사를 즐길 만한 경험이나 마음의 여유를 가지고 살아온 적이 없기 때문이다. 고기도 먹어 본 사람들이 먹는다고 호사도 부려 본 사람이 부린다. 그들은 다양한 교육기관이 있는 줄은 알지만 몸에 맞지 않은 옷처럼 그저 어색하다. 그런 사람들이 이곳에 몰려오고 있다. 계층적 동질감은 서로 간의 경계를 느슨하게 해 준다.

다리 밑의 사람들은 모두 남자다. 모두 남자여서 성적 동질감을 갖는다. 이 남자들이 모여서 노는 방법은 그렇게 많지 않다. 4명이 편을 짜서

전주 싸전다리 밑의 노인들

다리 밑에서 화투를 치는 노인들

화투를 치거나 둘이 편이 되어서 바둑을 두거나 장기를 둔다. 그리고 너덧 명이 모여서 카드를 친다. 화투는 주로 점당 100원짜리 고스톱을 친다. 장기나 바둑은 화투보다 시간이 오래 걸린다. 그래도 두 사람의 승부는 치열하다. 구경꾼들은 그 치열함으로 인하여 함부로 훈수도 두지 못하고 바라만 보고 있다. 그것은 냉정한 승부의 세계인 데다가 돈이 오가기 때문이다. 보통 한판에 1,000원씩을 건다. 진 사람이 한 판 더 두자고 성화를 대는 것으로 보아 작은 일에 목숨 거는(?) 승부욕이 더해진다.

이 놀이판에서는 저마다 승부를 거는 시점이 다르다. 초장에 승부를 내는 사람, 소리 없이 조용히 실리를 취하는 사람, 수비에 능한 사람, 자신이 파 놓은 식대로 상대를 몰아가는 사람 등, 그들이 바둑이나 장기를 두는 방식도 천차만별이다. 또한 구경하는 사람도 다양하다. 적극적으로 훈수하고 싶어 안달이 난 사람, 먼발치에서 누가 돈을 따나 구경하는 사람, 개평을 받고 싶어 하는 사람, 남이 지면 내가 지는 것 같아 안절부절 못하는 사람 등 가지각색이다. 그리고 카드놀이를 하는 사람은 훌라, 포커 등을 한다. 한 장 한 장 카드를 내면서 콜 하는 소리가 예사롭지 않다. 능숙한 솜씨로 카드의 번호와 모양을 맞추어 낸다. 그들은 이런 방법으로 다리 밑에서 일상 놀이를 행하고 있다.

다리 밑의 공간은 경계를 가지고 있다. 공간은 질서를 가지고 있어서 그 질서를 지키는 룰에 의해서 나누어진다. 다리 밑의 공간은 물가와 산책로인 길가로 대별되는데, 물가는 하천가에 접한 곳이고 길가는 산책로인 이동로에 접한 곳이다. 두 공간을 구별 짓는 주요 기준은 나이다. 세월의 훈장 격인 연령을 기준으로 해서, 물가의 공간은 상대적으로 고령층이, 그리고 길가의 공간은 상대적으로 나이가 어린 층이 중심을 이룬다. 그 중간에는 점이지대가 형성되어 있다. 이 장소 속에서 공간을 배분하는 주요 질서 기제는 예의이다. 어른을 그 장소 안에서 더 좋은 곳, 즉 사람들의 왕래가 적고 시원한 곳으로 먼저 배려하는 예의이다.

이 다리 밑에서 고령층은 보통 70대 이상의 노인들이고, 상대적으로 젊은 층은 60대 초반이다. 점이지대에는 60대 중후반의 노인들이 많다. 단순히 얼굴을 보고 노인들의 나이를 판단하기에는 어려움이 있다. 50대와 70대를 구분하는 것은 쉽지만, 60대 초반, 60대 후반과 70대를 구분하기란 어려움이 있다. 길가에 자리 잡은 사람들은 물가에 자리 잡은 노인층을 '노인 양반', '어르신' 등으로 나름대로 예의를 갖추어 부른다. 반대로 노인층은 상대적으로 젊은 층을 '젊은 놈들', '동상(생)' 등으로 부른다. 그리고 두 연령층을 오가며 너스레를 떠는 40대 후반의 넉살 좋은 젊은 사람이 있다. 청소도 하고 어른들 비위도 맞춘다. 그 사람에게 노인들 노는 데 왜 있냐고 물으니, "오늘은 일이 없는 날이어서 놀러 왔다."고 한다. 일용직을 하는 그는 자주 이곳을 들러서 나름 그 다리 밑의 자경대원을 자처하고 있다.

아주 좁은 장소에서도 그곳에 모인 사람들은 서로를 인정하면서 질서를 부여하며 살고 있다. 그리고 그 장소 속에서의 놀이도 구역에 따라서 조금씩 다르다. 연령이 높은 노인층의 공간에서는 주로 고스톱을 치고, 상대적으로 젊은 층은 훌라 등의 카드놀이를 한다. 그리고 그 중간지대에서는 고스톱, 장기와 바둑을 혼합하여 놀이를 한다. 연령은 점유 공간과 그 공간 안에서의 놀이 방법도 서로 경계 짓게 한다.

다리 밑 • 2

가난한 노인들의 실존적 삶이 존재하는 장소

다리 밑은 낮과 밤에 따라서 그 이용도가 다르다. 밤에는 낮보다 노는 사람들이 적다. 계절로 보면, 여름밤이 가을 건너 초겨울로 접어드는 계절의 밤보다 찾는 사람들이 많다. 여름밤에는 다리 밑의 불이 밝다. 그 밝은 불 밑에서 여름철의 불청객인 모기들의 융단폭격을 부채로 막아 내며 한여름 밤의 대화를 나눈다. 밤에도 낮과 같은 방식으로 노는 사람들이 있지만, 다리 밑에 모인 대부분의 사람들은 함께 서로 대화를 나눈다. 자식 자랑, 아는 사람 흉보기, 일자리, 프로야구, 연속극 이야기 등 일상의 소소한 이야기들이 대화의 주를 이룬다. 가끔 다리 밑의 여론을 주도하는 분은 미디어 법 날치기 통과, 4대강 사업, 이명박 정부 성토 등의 정치 얘기를 이끌어 내기도 하지만, 이내 곧 "데모는 왜 하는지 모르겠어!", "싹 집어넣어 버려야 해!", "배가 불러서 그렇지!" 등의 반응이 나타났다.

이들은 거창한 거대담론을 가지고 논할 준비는 되어 있지 않다. 지금 당장 급한 일은 실업의 문제이다. 목구멍이 포도청인 셈이다. 그런데 아이러니하다. 실업의 문제를 결정하는 중요한 인자가 정치인데, 정치에는 관심이 적다. 그리고 계층투표를 하지 않는 점도 이해하기 힘든 일이다. 자신의 계층의 이익을 대변하는 곳에 표를 찍는 시대가 언제 올지 앞서 생각해 본다.

밤에 다리 밑에 머무는 사람들은 낮에 이곳을 찾는 사람들에 비해서 대체로 가까운 곳에 거주한다. 여름철에는 집을 나서서 시원한 강바람을 쐬어 보고자 오고, 가을에는 가로등에 비친 갈대의 숲을 감상하고자 이곳에 온다. 하지만 밤에는 이곳에 머무는 시간이 짧다. 사람들이 낮과 같이 긴 하루를 보내기 위해서 온 것이 아니라 잠깐의 휴식을 취하러 오기 때문이다. 이것은 이 다리 밑에 낮에 모인 사람들과 밤에 모인 사람들의 목적이 서로 다름을 보여 주고 있다. 그리고 어은교 밑은 낮에는 온통 남자들의 세계이지만, 밤에는 여자들도 있다. 젊은 중년의 아주머니들이 힘들게 파워 워킹을 하면서 운동을 하다가 잠시 머물기도 하고, 남편과 함께 산책길에 이곳에 머무는 여자들도 있다. 그러나 그 숫자는 미미한 편이다. 때로는 낮에 여자들이 어은교 밑에 오래 머물면 오해를 살 수도 있다. 일부 다리 밑에서 벌어지기도 하는 일인데, 노인들을 유혹하는 박카스 아줌마로 오해를 받을 수도 있기 때문이다. 하루를 주기로 보아도 다리 밑의 낮과 밤의 풍경이 사뭇 다르다.

다리 밑으로 오는 노인들의 주요 교통수단은 도보다. 즉, 걸어서 오는 사람들이 가장 많다. 걸어서 온다는 것은 그리 먼 곳에서 오지 않음을 말해 준다. 그들은 수양버들이 흐드러지게 가지를 내려 놓은 인도 옆의 계단을 이용해서 오기도 하고, 전주천 변 산책로를 이용하여 오기도 한다. 인도에서 산책로로 내려오는 계단은 경사가 급하고 낡은 시멘트로 만들어져 있어서 불안하기 짝이 없다. 이곳 다리 밑에는 작은 주차장이 있다. 도로와 접하는 쪽에는 가지런히 자전거와 오토바이가 주차되어 있다. 자전거는 핸들을 왼쪽으로 살짝 꺾어서 정렬시켜 주차를 한다. 길거리나 관공서 등의 폼 나는 자전거 주차대는 아니지만 나름대로 보기 좋게 주차되어 있다. 자전거는 고가로 보이지도 않고, 운동용으로 보이지도 않는다. 뒤에 짐받이를 갖추고 있으며 오랜 연륜이 묻어나 보인다. 노인과 함께 나이를 먹어 가는 허름한 자전거이다. 하지만 짐받이에 손자들을 한 번씩 태우고 다닐 수 있을 정도로 충분히 튼튼하다. 앞으로도 노인의 자가용 노릇을 할 것으로 보인다.

자전거 옆에는 오토바이가 주차되어 있다. 대체로 오토바이는 운전면허증을 요하지 않을 정도인 50~80cc 내외의 배기량을 가진 것들이다. 그 옛날, 뒷자리에 높은 안테나를 달고서 보무도 당당하게 활개치며 도로를 미끄러지던 경찰 오토바이만큼의 위용을 가지진 않았다. 비록 과속으로 질주할 정도의 힘은 없지만 노인이 가고 싶은 곳을 더디고 느리게, 아니 여유롭게 인생을 즐기며 달리기에는 끄떡없는 오토바이다. 자전거와 오토바이는 노인들의 기동성을 높여 주고 보다 먼 곳까지 갈 수 있게 해 준다. 그래서 이들은 걸어서 오는 노인들보다는 보다 먼 곳에서 올 수 있다. 그리고 오토바이를 타고 다니는 사람들은 집에 가서 점심을 해결하고 오기도 한다. 오토바이와 자전거는 거의 혼자서 타고 다닌다. 이는

노인들의 교통수단인 오토바이

다리 밑으로 향하는 노인

노인들이 친구들과 함께 다리 밑에 오는 것이 아니라 각자 자신의 처소에서 혼자 온다는 말이다. 아마도 노인들은 나이를 먹어 가면서 킬리만자로의 표범이 되어 가는 듯하다.

일부 노인은 승용차나 승합차를 타고 오기도 한다. 승용차는 자전거와 오토바이에 비해서 접근성이 떨어지기 때문에 먼 곳에 주차를 해 둔다. 즉, 다리 밑에서 200여 미터 떨어진 쌍다리 입구에 주차를 한다. 그래서 그 쌍다리 입구에는 늘 자동차가 주차되어 있다. 자동차는 다리 밑에서 가장 높은 계층에 속하는 사람이 타고 다닌다. 이곳 다리 밑에서 가장 경계를 받는 층이고, 한편으로는 다리 밑 계층의 동질성을 가장 침해하는 집단이다.

이곳 다리 밑으로 오는 방법이 사람마다 다른 것은 계층의 차이를 반영한 결과가 아닌가 한다. 교통수단을 중심으로 보면, 다리 밑의 사람들은 도보족, 자전거족, 오토바이족과 승용차족으로 나누어진다. 이처럼 이들은 처지가 같은 듯하지만 서로 다른 계층을 형성하고 있다. 다시 말하여 다리 밑의 사람들은 같으면서 서로 다른 집단의 특성을 보인다.

사람들은 하루 세 끼의 식사를 해야 한다. 여기에 모인 노인들도 마찬가지이다. 이들에게 먹을거리는 매우 중요한 문제인데, 그중에서 점심식사가 가장 중요하다. 보통은 인근의 식당에 가서 점심을 해결한다. 그러나 노는 데 바쁜 사람들과 (특히 여름철에) 식당까지 오가기가 귀찮은 사람들은 전화로 배달 음식을 주문해 먹는다. 오토바이를 이용한 신속한 배달을 자랑하는 중국집은 이곳을 찾는 사람들의 먹을거리를 해결해 주고 있다. 그들이 주로 배달해 먹는 음식은 짜장면, 짬뽕, 울짜장면 등이

어은교 다리 밑의 모습

다. 돈이 없는 사람은 짜장면 하나를 시켜서 둘이 나눠 먹기도 한다. 배달 음식의 그릇은 풀밭 옆에 두면 회수해 간다. 한편에서는 다리 밑을 관리하는 노인이 즉석에서 한 그릇에 2,000원을 받고서 라면을 끓여 주기도 한다. 배달용 가스통에 가스레인지를 달아 두고서 라면을 끓여 준다. 사람들은 오후의 출출한 뱃속을 라면 한 그릇으로 채운다.

사람이 밥만 먹고 사는 것은 아니다. 그것은 이곳 사람들도 마찬가지여서 음식을 먹고 난 후나 혹은 출출할 때 마실 것을 찾는다. 교각 옆의 아이스박스에 캔 커피, 음료수 등을 담아 두고서 팔기도 하고, 커피믹스와 (소위 다방커피인) 일반 커피를 갖춰 두고 팔고 있다. 이곳에서는 커피 한 잔에 400원, 캔 커피 하나에 500원이다. 노트 한 장을 찢어서 서툰 글씨로 커피, 녹차, 캔 커피 등의 메뉴를 적어 놓은 메뉴판이 보인다. 메뉴판 마지막에는 '모든 것은 주인 문의 바랍니다. 죄송합니다.'라고 적혀 있다. 특별히 죄송할 것도 없는데 말이다. 아마도 모두 다 살기 힘든데 몇 백 원이라도 돈을 받아서 그런 것이 아닌가 생각해 본다. 일반 커피는 셀프 서비스이고 돈도 알아서 놓고 간다. 여기에도 생활의 지혜는 있다. 어떤 사람들은 400원짜리 커피를 하나 타서 둘이 나눠 마신다. 왜 커피 한 잔을 서로 나눠 마시냐는 나의 우문에 "커피 한 잔 다 마시면 저녁에 잠이 안 와요!"라고 답한다. 그 말을 액면 그대로 믿을 수는 없다. 아마도 불경기에 한 푼이라도 아끼고자 하는 생활의 지혜일 것이다. 그리고 이곳에서는 술을 팔지 않는다. 하지만 어디서 가져왔는지 소주 한 병이 가끔 상에 놓여 있다.

사람들의 또 하나의 생리적 현상은 배설이다. 큰 것은 어쩔 수 없이 인근의 화장실을 찾지만, 작은 것에는 쉽게 자존심을 버린다. 요기尿氣를 느낄 때는 잠시 실례를 한다. 민망하게도 갈대숲으로 가서 앞 지퍼를 열고 생리 현상을 해결하기도 한다. 천변 산책길에 사람들이 오가면 머리를 땅에 박은 꿩마냥, 나만 뒤돌아서서 지나가는 사람을 보지 않으면 된다고 생각하고 일을 감행한다. 그러나 민망한 것은 하천 건너편의 산책로를 오가는 사람들에게는 무방비 상태로 노출된다는 점이다. 바바리맨도 아닌데, 그것을 사람들에게 드러낸 꼴이 되고 만다.

하지만 사람들은 환경에 적응하여 지혜를 짜내고 진화를 한다. 그래서 다리 밑의 사람들은 다리에 줄을 연결해서 물가에 밥상을 매달아 두었다. 마치 밥상을 능지처참 하듯이 상의 네 다리를 벌려서 두 다리는 교각

다리 밑의 간이 화장실

위에 그리고 다른 두 다리는 땅에 묶어 두었다. 그런 후에 밥상에 대고 오줌을 싼다. 그렇게 하천 반대편에서 얼굴은 보일 망정 그것은 보이지 않게 하여 민망한 꼴을 면한다. 저녁시간에 사람들이 머리 둘 곳으로 발길을 옮길 때면 그곳을 관리하는 사람은 매달린 상에도 휴식을 준다. 줄을 풀어서 곱게 칠한 밥상을 내려놓는다. 그 상은 하천과 생태 도로를 이어주는 경사면의 콘크리트 블록에서 휴식을 취한다. 다시 날이 새면 자신이 세상에 태어난 용도와 다른 방식으로 자신이 쓰일 것을 기다린다. 이 간이 화장실은 한 번 더 진화를 한다. 다리 위에서 끈을 매달아 두는 일이 힘들기에 의자 하나를 물가에 놓은 후 그 의자 위에 합판이나 스티로폼을 갖다 두었다. 그리고 소변이 물에 흘러가도록 물길을 내었다.

이곳의 화장실 문제는 다리 밑을 생활의 장소로 활용하는 사람들과 도시의 미관을 중시하고 하천을 오가는 사람들과의 갈등을 낳는다. 요기 해결을 실존적이며 직관적인 문제로 인식하는 사람들과 이성적이며 미학적으로 접근하려는 사람들과의 충돌로 볼 수 있다. 보다 앞질러 생각을 하면, 다리 밑이라는 장소를 실존적으로 바라보는 사람과 그곳을 객관적으로 바라보는 사람들 간의 간극이라고 볼 수 있다. 이들 생각의 차이를 밥상 화장실과 200미터 정도 떨어진 곳에 세워진 '천변 화장실 태평교회, 20m, 맑고 아름다운 아트폴리스 전주'라고 쓰인 화장실 안내판에서 확인할 수 있다. 그래도 사람 사는 곳에는 생리 조절을 위한 장치가 필수적이다. 지하도로 연결하여 사람들을 화장실로 안내할 수는 없어도 가능한 한 가장 근거리에 화장실을 만들어 주는 것은 중요하다. 카페나 레스토랑이나 호텔 등과 같이 번듯한 화장실은 아닐지라도 몸 가리고 얼굴 가릴 정도의 화장실은 마련해 줄 필요가 있다.

이곳 어은교 다리 밑을 관리하는 사람은 음식과 물건을 파는 노인이다. 그는 장애인인데 다리 밑의 청소를 주로 한다. 사람이 모인 공간에는 그 부산물이 남는 법이다. 특히, 이곳의 노인들은 담배를 많이 핀다. 고스톱을 치면서 혹은 장기나 바둑을 두면서도 담배를 입에 물거나 손에 들고 있다. 이 다리 밑은 사방이 트여서 담배 연기가 자욱하게 쌓일 수가 없다고 애연 노인은 말한다. 그리고 음료수를 먹고 나면 깡통이 남고, 물을 마시면 빈 생수통이 남는다. 휴지도 남는다. 이런 곳을 열심히 청소하는 노인이 이곳의 관리자이다. 그는 젊을 때 해병대에 자원 입대해서 군대 생활을 하다가 구타로 고막이 터져서 잘 듣지 못한다고 했다. 그 노인에 대한 배려로 이곳을 관리하도록 한 것이다. 그는 이곳에서의 작은 수입으로 살아간다. 노인은 의자와 탁자, 담요와 화투 등을 빌려 주고 그 임대비용을 받아서 관리한다. 그 비용은 천차만별이다. 사람들이 이곳 다리 밑에 오면, 관리인은 작은 그릇 하나를 더 준다. 점당 100원짜리 고스톱을 쳐서 5점 이상이 날 경우 100원씩 작은 그릇에 담는다. 그리고 고스톱을 다 치고 나면 관리인에게 그 그릇을 화투 등과 함께 반납한다. 그 그릇 안에 담겨 있는 돈이 곧 임대료인 것이다.

이곳 다리 밑에 오는 사람들은 거주 공간도 특성이 있다. 전주천은 전주를 구도심과 신도심으로 나눈다. 전주천을 따라서 길게 늘어져 있는 다가산에서 화산에 이르는 산줄기를 기준으로 이곳에 오는 사람들의 거주지가 대체로 나누어진다. 즉, 이 산줄기는 다리 밑 사람들의 심리적 공간의 경계가 되고 있다. 이곳에 오는 사람들의 대부분은 전주의 구도심 영역인 태평동, 금암동, 고사동 등지에 거주한다. 화산 밑의 어은골, 도토리골 등에 사는 사람들과 멀리 동산동에서 하천을 거슬러 자전거를 타고 오는 사람들도 있다. 상대적으로 다가산과 화산의 산줄기 너머에 있는 서신동 신시가지의 주민은 적다. 그 선은 삶의 장소의 구분선이자 불균형의 구분선이다. 그 보이지 않는 선 안에 존재하면 동질감을 느낄 수 있다. 때론 그것을 벗어나기 위하여 과도한 치장이나 누런 반지를 끼기도 한다. 아마도 가장 큰 경계는 마음의 벽일 것이다.

다시 전주천 어은교 밑을 걷는다. 여전히 그 삶의 장소에는 노인들이 있다.

필리핀 식당

우리 사회 속 디아스포라를 위한 장소

외국인 100만 시대의 우리 사회에서 외국인 노동자와 국제결혼 이민자는 쉽게 만날 수 있다. 전북 지역도 예외는 아니다. 2009년 현재 전북 지역에는 국제결혼 이주 여성이 6,545명이며 그들의 자녀수가 5,474명(2008년)에 이른다. 취학 자녀수도 4,000여 명을 넘고 있다. 이들은 우리 사회의 다문화를 선도하고 있다. 그중에서도 결혼 이민자들은 한국 사회의 순수혈통주의에 대해서 많은 논란을 가져와 단일 민족 의식에 대한 새로운 전기를 이끌고 있다. 어쨌든 이런 흐름과 함께 우리 사회는 원하든 원치 않든 간에 다문화 사회로 접어들고 있음이 분명하다.

다문화 사회를 주도하고 있는 국제결혼 이민자들은 결혼을 통하여 자발적 이민을 해 온 집단이다. 그런데 이들이 한국으로 이주해 오는 데 돈이라는 인자가 가장 크게 작용했을 것이다. 즉, 이들은 자국으로부터 강제 이주를 당한 것은 아니지만, 아마도 돈에 의해서 강제 이주를 당한 사람들일 게다. 그래서 이들은 현대판 디아스포라diaspora이다. 디아스포라라는 단어는 본래 '이산離散'을 의미하는 그리스어로서 '팔레스타인 땅을 떠나 세계 각지에 거주하는 이산 유대인과 그 공동체'를 가리킨다(서경식, 2006: 15). 우리 사회의 결혼 이민자들 중에서 가장 눈에 띄는 집단들은 필리핀 출신들이다. 이들의 얼굴 생김새와 피부색이 우리와 큰 차이를 보이기 때문이다. "대부분 '조상 대대로 전해 내려온 토지·언어·문화를 공유하는 공동체'라는 견고한 관념에 안주하고 있는"(서경식, 2006: 15) 다수자인 한국인들이 사는 이 땅에서 그들은 언제나 '이방인'이며 '소수자'이다. 비록 소수자이자 이방인으로서 한국 사회에 떠밀려 왔지만, 그들이 몸만 가지고서 한국으로 이동해 온 것은 아니다. 이미 자신들의 몸에 체화된 그들의 언어와 문화와 생각과 사고 등을 가지고서 이동한 것이다. 그래서 결혼 이민자들은 다수자 속의 소수자, 아니 이방인으로서 자신들의 삶을 영위하며 자신들의 정체성을 보여 줄 수 있는 장소를 찾는다. 그곳에서 소수자가 아닌 실존자로서의 자신의 모습을 확인하며 큰 소리로 웃는다. 필리핀 식당이 바로 그런 장소이다.

필리핀 식당은 우리 사회의 디아스포라인 필리핀 결혼 이민자들이 모여서 삶을 나누는 곳이다. 이런 식당이 전주에 두 곳이 있는데, 그중 하나는 시내의 오거리와 가톨릭센터의 중간 지점에 위치해 있다. 식당의 이름은 필리핀 푸드 스토어Philippine Food Store이다. 간판은 파란 바다와 남방 특유의 화려한 색깔로 치장을 하고 있다. 이 식당은 전주의 변두리인 동서학동에서 구도심인 이곳으로 자리를 옮겼다. 수요가 있는 곳으로

필리핀 식당의 앞모습

식당의 장소를 옮긴 것이다. 이곳은 전주 일원에 흩어져 사는 결혼 이민자들이 한국어를 배우러 오는 곳인 가톨릭센터와 YWCA 가까이에 있다. 이민자들이 오전에 교육을 받고 점심 즈음에 집으로 돌아가는 길목, 즉 목 좋은 곳에 자리를 잡고 있다. 대부분 사람들이 집으로 갈 때 버스를 이용하는데, 버스를 타러 가기 위해서는 이곳을 지나가야 한다. 참새가 방앗간을 그냥 지나칠 수 없듯이 그들은 이곳을 들른다. 이 식당의 주인은 자본주의 한국 사회에서 돈 버는 방법을 알고 있다. 조국의 작은 소식에도 코끝이 찡해지는 너무나도 나약한 소수자인 이들이 이 길목에서 조국의 향수를 파는 이 식당을 그냥 지나치기는 힘든 일일 게다.

필리핀 식당은 필리핀 디아스포라들의 만남의 장소이다. 이 식당은 같은 언어와 문화와 국적을 가진 필리핀 사람들이 모여서 마음 편하게 살아가는 이야기를 나눈다. 언어의 소수자들인 그들이 남 눈치 보지 않고서 타갈로그어와 영어를 뒤섞어서 말을 한다. 더듬거리는 한국말에서 벗어나 잠시나마 해방감을 맛볼 수 있다. 이곳에서 자신들의 언어로 필리핀 고향의 이야기도 나눈다. 한국에 오면 가난한 고국의 삶에서 벗어날 줄 알고 어린 나이에 시집온 사람들이 모여서 자신들이 겪는 애환을 서로 털어놓는다. 그들이 한국에서 사는 삶은 정말로 뒤웅박 신세이다. 한국에서 만난 남편의 형편과 인성에 따라서 그들의 인생이 결정되는 인생 잔혹사가 펼쳐지고 있다.

이곳에 모이는 자들은 자발적 디아스포라이다. 그러나 더 큰 범주에서 생각해 보면 이들의 이민은 국가 간의 불균등 발전과 국가 내의 계층 불평등이 빚어낸 결과이다. 심하게 표현하면, 그들은 한국 남자들의 현대판 씨받이다. 가난한 가족을 두고서 팔려 온 신부들은 한국에서 국적을 취득할 때까지 갖은 곡절을 겪지만 참고 산다. 자발적 디아스포라가 되어 기꺼이 한국행 결혼을 감행하였지만, 그들의 남편은 결코 백마 탄 왕자가 아니었다. 필리핀이 국제 사회의 주변국이듯, 그들의 남편들도 우리 사회의 주변인이기 때문이다.

필리핀 식당은 문화 공간이기도 하다. 필리핀 국제결혼 이민자들은 문화의 소수자이며 한국 문화의 이방인이다. 한국에 대한 부족한 정보로 인해 문화적 충격은 생각보다 크고 깊다. 비록 그들이 자신들의 고유문화를 가지고 있을지라도, 아직은 자신들의 문화를 한국에 소개하기에는 역부족이다. 한국 사회에서는 소수자들이기에 자신들의 문화를 소개하기 힘들어도, 이 식당에서만큼은 자신들의 문화를 서로 나누는 일에 매우 열심이다. 이 필리핀 식당은 그런 이들에게 필리핀의 음식 문화를 제공하고 있다. 우리들이 외국에서 김치와 라면과 고추장을 찾듯이, 필리핀 사람들도 먹을거리를 통하여 동질감을 나눈다.

이 식당은 식탁 두어 개를 두고 있을 정도로 규모가 참 작다. 좁은 식당 문을 열고 들어서면 굵은 플라스틱 발이 맞이해 준다. 식당 내부는 열대 지방 필리핀의 여느 식당처럼 별다른 치장도 하지 않고 있으며 어둡다. 이 식당에서 파는 필리핀 먹을거리는 간단하다. 먼저 밥이 기본이다. 밥을 짓는 쌀은 상대적으로 값이 싼 한국 쌀이고, 검은 쌀을 조금 넣어서 전기밥솥으로 짓는다. 그들이 좋아하는 필리핀 안남미는 수입 쌀이기에 값이 비싸서 한국 쌀을 이용한다. 그들이 즐겨 찾는 음식은 고기류와 생선류가 있다. 고기류로는 닭고기로 만든 탕으로서 우리의 설렁탕과 유사한 아로스칼도Arrozcaldo와 돼지고기를 양념과 함께 볶은 토시노Tocino와 소시지의 일종인 랑고니자Langgoniza가 있다. 생선류로는 필리핀의 국민 생선으로서 대부분 필리핀 사람들이 즐겨먹는 생선인 방우스Bangus와 티라피아Tilapia, 녹두와 함께 만든 생선탕인 기니상 뭉고Ginisang Munggo가 있다. 음식 값은 1인분을 기준으로 밥은 1,000원, 방우스는 2,000원, 나

방우스와 티라피아 생선구이

토시노와 랑고니자

필리핀 식당의 식사 모습

머지 음식은 대체로 1,000원씩을 받는다. 그 식당에서 우연히 만난 플로라와 에밀리는 밥 한 공기씩과 방우스 1개, 뭉고 1그릇, 티라피아 한 토막의 소찬을 주문하였다. 그리고 각자 3,000원씩을 밥값으로 지불하였다.

필리핀 식당의 벽면에는 철제로 만든 앵글 선반이 둘러져 있다. 이곳에는 망고, 코코아, 콘 비츠corn bits, 땅콩 등을 진열해 두었고, 그 옆에는 참치부터 옥수수까지 그들이 즐겨 먹는 각종 통조림이 진열되어 있다. 고향을 떠올리게 하는 과자나 스낵, 통조림도 팔고 있다. 음식이 상하기 쉬운 열대 지방에서 인기가 있는 통조림은 오랜 시간 보관하는데 편리하고 반품의 염려가 별로 없는 장점이 있다. 이곳의 음식 재료와 물건들은 필리핀으로부터 수입을 해 온 것이다. 대형 수입업체는 필리핀으로부터 생선, 재료, 과자 등을 들여와서 전국의 소비자, 즉 필리핀 사람들의 추억과 향수를 달래기 위하여 물건을 배송한다. 사람이 있는 곳에 수요가 있게 마련이고, 그 수요에 부응하여 돈을 벌기 위한 공급자의 열정은 그 어느 곳에서나 일어나는 법임을 이곳 식당에서도 확인할 수 있다.

이 물류 공급업체는 경기도 광주의 초월읍에서부터 물건을 유통한다. 물건들은 작은 탑차에 실려 이 식당까지 배달된다. 매주 정기적으로 물건이 배송되고 필요한 물품은 주로 전화로 주문하여 가격을 결재한다. 물건이 많이 팔리는 정도는 계절과 밀접한 관련이 있다. 따뜻한 남쪽 나라에서 온 필리핀 사람들은 추위를 많이 타서 겨울에는 이동을 가능한 자제한다. 사람이 적게 움직이는 겨울에는 이 식당의 수입도 떨어진다. 추운 겨울은 필리핀 교육생들을 애타게 기다리는 교육센터에도 영향을 준다. 학점을 받거나 수업료를 내고서 다니는 곳이 아니기에 날이 추우면 교육센터에도 오가는 사람들이 줄어든다.

필리핀 식당에서는 필리핀 사람들의 문화가 전수되고 있다. 이 식당의 계산대 옆에는 스테인리스 요강이 놓여 있다. 식당 주인인 카르미Carmi 씨에게 이 요강의 용도를 물으니 필리핀 전통이라고 답한다. 필리핀 사람들은 가게를 내는 경우, 복을 기원하는 상징으로 변기를 가게 안에 둔다고 하였다. 그래서 우리나라의 이동식 화장실인 요강을 식당에 갖다 둔 것이다. 필리핀에서는 요강 안에 돈을 넣는 행위를 통하여 복이 들기를 기원한다. 즉, 돈벌이가 잘 되길 바라는 마음으로 요강을 식당에 놓아 둔 것이다. 이것은 일종의 문화 접변이다. 필리핀식 화장실을 구하기 어려우니 우리나라의 이동식 화장실인 요강으로 대체하고 있는 것이다. 한국의 문화 요소인 요강과 복을 기원하는 필리핀 문화 행위가 서로 만나서 이루어진 문화 현상이다. 그래서 필리핀 식당은 이질적인 두 문화의 문화 접변이 일어나는 곳이다. 그리고 이 변화는 시간의 흐름과 함께 지속적으로 일어날 가능성이 높다.

필리핀 식당의 판매 물품

식당의 번성을 기원하는 상징인 요강

또한 필리핀 식당은 필리핀계 소수자들이 한국 사회에서의 생존을 위한 각종 정보를 교환하는 장소다. 이 식당에서 한국 사회에서 돈벌이, 친구의 소식, 결혼 정보, 법률적 지원에 관한 각종 정보를 주고받는다. 특히 이곳에서는 한국 사회에서 소수자인 국제결혼 이민자들이 자신들의 권익과 인권을 보호받기 위한 정보들이 오간다. 소수자들이 뭉쳐서 자신들의 권익을 세우는 것은 사람 사는 곳의 당연지사다. 주로 한국인 남편의 부당한 대우와 인권 침해 및 이혼 등에 관한 정보를 교환한다. 결혼 생활이 불행할 경우, 보통 결혼 후 3년이 지나서 한국 국적을 취득한 후에 이혼을 한다. 이곳은 이혼한 사람들이 새로운 사람을 만나는 결혼 중매 장소로서의 기능도 수행한다.

필리핀 식당은 필리핀 디아스포라들의 한국 동화를 저지하는 최후 방어선이자 동화를 꿈꾸는 자들의 전진 기지이기도 하다. 그들은 자신들의 문화 정체성을 유지하기에는 너무 힘이 들고 나약한 존재이기에 주류 문화인 한국 문화에 동화되고 있다. 그들이 한국 사회에서 그나마 대접을 받는 경우는 포교 대상으로 인정받는 경우와 영어를 유창하게 사용하는 경우이다. 두 경우도 필리핀 문화 정체성보다 포교자들의 종교 정체성과 사용자들의 영어 교육에 더 비중을 두고 있다. 그들은 필리핀인으로서보다는 식민지의 유산인 영어를 구사하는 능력에 따라서 노동의 가치가 매겨지는 슬픈 자화상을 가지고 있다.

필리핀인을 포함한 국제결혼 이민자들은 한국 사회에 동화되어 가고 있다. 아니, 한국 사회는 다문화라는 이름으로 그들에게 끊임없이 한국 문화의 체험을 강요하고 있다. 다문화라 함은 모름지기 문화의 다양성을 인정하고, 서로가 서로의 문화 정체성을 존중하고 인정하여 조화로운 사회를 꿈꾸는데 있다. 그러나 한국의 다문화주의는 한국 문화에의 동화를 강요하는 문화 운동이자 문화 획일주의를 획정하고 있다. 이미 한국인인 그들의 자녀들에게 한국 문화를 체험케 하는 문화 전체주의도 횡행하고 있다. 우리들이 필리핀 문화를 이해하려 드는 것이 아니라 필리핀 문화를 가진 사람들을 한국 사람으로 만들기 위한 작업들이 주를 이루고 있는 것이다. 다문화 교육 정책도 이런 선상에서 크게 벗어나지 않고 있다. 이미 한국인인 그들을 한국인으로 만들기 위한 불필요한 다문화 정책을 수행하기보다는 다문화 가정의 자녀들이 가진 장점인 이중 언어의 구사 능력을 살려 줄 필요가 있다. 다문화 가정의 자녀들이 어머니 나라의 언어와 자신의 언어인 한국어를 자유롭게 구사할 수 있는 이중 언어 능력, 더 나아가 이중 문화를 가짐이 우리 사회에서 경쟁력을 갖추는 일이다.

필리핀 식당은 단순한 식당이 아니다. 돈벌이, 만남, 정보 교환, 문화 공유 및 전수 등의 복합적 기능을 감당하는 장소다. 그 장소에서 필리핀 디아스포라들은 오늘도 소수자로서의 삶을 이어 가고 있다. 그곳에 가면 필리핀 사람이자 한국 사람인 자들이 있다.

커피 전문점

개인 취향과 상업 자본이 만나는 장소

나의 일상에서 자주 찾는 장소 중의 하나가 커피 전문점이다. 출퇴근길과 거리를 걸을 때 커피 전문점에서 흘러 나오는 향기는 나의 후각을 자극하기에 충분하다. 이내 나는 익숙한 습관처럼 그곳으로 발길을 향하고 만다. 내가 즐겨 마시는 커피 아메리카노Americano를 "아메리카America, 노No!"라고 굳이 힘주어 끊어서 주문하며 반미주의자를 자청한다. 커피의 주문을 돕는 메뉴판에는 아메리카노, 카페라떼, 카라멜마키아또, 에스프레소 등 다양한 이름들이 줄을 서 있다. 그러나 그 이름을 부를 때마다 몸에 맞지 않는 옷을 입은 기분이 든다. 그리고 커피 이름을 몽땅 우리말로 바꾸고 싶은 충동을 느끼곤 한다.

전문점의 사전적 정의는 일정한 종류의 상품만을 파는 소매점이다. 그렇다면 커피 전문점은 커피만을 파는 소매점일 것이다. 보통 이곳은 커피의 원두를 직접 볶고 갈아서 소비자의 기호에 맞춰 라떼, 마키아또 등 다양한 형태로 커피를 만들어 파는 곳이다. 스타벅스, 탐앤탐스, 카페베네, 엔제리너스, 자바, 로프트 등이 대표적인 커피 전문점 상호다. 커피 전문점은 커피가 주主인 가게다. 그런 면에서 도넛 가게, 패스트푸드점 등과 같이 커피를 종從의 상품으로 파는 곳과는 차별성을 가진다. 커피 전문점에서도 케이크나 과자류를 팔긴 하나, 이들은 어디까지나 커피를 즐기기 위한 부대 상품일 뿐이다.

최근 커피 전문점은 빠른 속도로 매장의 수가 늘고 있다. 분포 지역도 도심의 번잡한 거리에서부터 주택가에 이르기까지 다양하다. 주로 도심 번화가나 상가 지역에 집중하는 경향을 보인다. 그곳에는 분주하게 오가는 유동 인구가 많기 때문이다. 사람들은 비즈니스, 만남, 쇼핑 등 다양한 이유로 거리를 오간다. 그리고 그들이 오가는 길목에 커피 전문점이 자리하고 있다. 거대 자본을 소유한 프랜차이즈 커피 전문점들이 목 좋은 곳에 경쟁적으로 들어서고 있다. 그들이 커피 전문점의 입지를 결정할 때, "기본적인 상권 형성과 높은 소비 유동 인구가 기본적인 조건이지만, 번화가의 경우에도 매물 경쟁으로 인하여 임대료가 과도하게 높고 지역 경제를 흔들 수 있는 곳은 피한다."(이정헌, 2010년 3월호: 38) 매장의 입지 선정에서 고객을 확보하기에 좋은 곳과 지출을 줄일 수 있는 곳을 동시에 고려하여 이익을 극대화할 수 있는 곳을 최우선적으로 살펴보고 있음을 알 수 있다.

커피 전문점은 사람들의 이동이 머무는 곳에 입지하고 있다. 사람들은 이동이 끝나는 곳에서 근무를 하거나 용무를 보기 때문에 상대적으로 머

커피 전문점의 외부와 내부

무는 시간이 긴 편이다. 머무는 시간이 긴 곳에서 휴식을 취하거나 사람들을 만날 가능성이 높아지게 마련이다. 그래서 병원, 대형 건물, 쇼핑센터, 교회, 대학, 서점 등지에는 프랜차이즈 커피 전문점이 앞다투어 들어서고 있고, 차후에도 그 경쟁은 심해질 것이다. 이런 곳에서는 잠재 고객을 확보할 가능성이 매우 높기 때문에, 입점이 곧 이익으로 이어지게 되곤 한다.

또한 커피 전문점은 일상의 삶터, 곧 틈새시장으로 진입하기도 한다. 거대 자본회사들이 운영하는 프랜차이즈 커피 전문점들의 시장 점유율이 높을지라도 거기에도 틈새시장은 있기 마련이다. 소규모의 전문점들은 자생적인 브랜드를 내걸고서 그 틈새시장을 파고들고 있다. 이들은 주로 아파트와 주택 지역 등의 동네 상권을 토대로 단골손님을 확보하여 자신들만의 상권을 형성하고 있다. 거대 자본과 힘겨운 싸움을 해야 하지만 차별화에 성공해서 그들과 공존하는 길을 택하기도 한다. 이미 포화 상태에 이른 커피 전문점 시장에서 한정된 소비자를 두고서 벌이는 작은 가게들의 힘겨운 싸움을 지켜봐야 할 듯하다. 자생적인 브랜드를 가진 동네 커피 전문점이 그 싸움에서 받을 상처를 생각하니 마음이 편치만은 않다. 이런 싸움 끝에는 항상 가격 경쟁이 있게 마련이다. 그 싸움으로 지나치게 높게 책정된 커피 값의 거품이 제거되기를 기대해 본다.

커피 전문점의 내부 모습은 커피를 파는 공간과 손님을 위한 공간으로 대별된다. 고객의 좌석은 다시 둘로 나누어진다. 그것은 금연 공간과 흡연 공간이다. 흡연 공간은 보통 구석진 곳에 따로 만들어져 있다. 흡연자를 위한 차별된 공간이다. 그러나 이 공간은 흡연자를 위한 공간이 아니라 비흡연자를 위한 것이다. 흡연자를 격리시켜 비흡연자의 건강을 지켜주기 위함이다. 비흡연자의 혐연권을 보장해 주고 간접 흡연으로부터 해방시켜 주기 위하여 흡연 공간을 따로 만들어 주고 있다.

커피 전문점은 불평등 구조를 드러내는 장소이다. 커피 프랜차이즈의 입점은 그 지역의 인구수보다는 개인과 지역의 경제력과 관련이 깊다.

즉, 거주하는 인구수보다는 인구의 소득 수준이 커피 전문점의 입지에 큰 영향을 미친다. 예를 들어, “서울에서 엔제리너스 커피점은 총 82개로 강남, 서초, 송파구에 29개의 매장이 집중되어 있는 것으로 조사됐다.”(이정헌, 2010년 3월호) 2010년 기준으로 할 때, 서울시 강남구에는 스타벅스 매장이 46개인 반면, 이 지역보다 인구수가 많은 전북 전주시에는 그 매장이 단 1개이다. 기호식품인 원두커피를 사서 마실 수 있는 경제력을 지닌 고객의 잠재적인 수가 커피 전문점의 수를 결정한다고 볼 수 있다.

우리나라는 커피 수입국이다. 커피의 주요 생산지는 에티오피아, 우간다 등의 아프리카와 콜롬비아, 브라질, 멕시코 등의 중남미, 그리고 인도네시아, 베트남, 인도 등의 아시아이다. 이 국가들을 보면, 커피는 가난한 국가들의 산물이다. 그러나 그 커피를 향유하는 국가는 선진국들이다. 여기서 불공정 거래는 시작되고, 커피 제국주의의 횡포가 일어난다. 플랜테이션을 통하여 생산된 커피를 선진국의 거대 자본들이 싼값에 사들여서 소비자들에게 비싼 가격에 파는 유통 구조가 생겨난 것이다. 그래서 “커피를 통해 발생하는 부富의 대부분이 생산자에게 돌아가지 않고 중간 유통업자와 최종 가공업자에게 돌아간다는 점도 커피 농가의 고통을 가중시키고 있다.”(김성윤, 2010: 80) 선진국에서 비싸게 사서 마시는 것은 그들의 선택일 수 있지만, 가난한 나라와 그 커피를 생산하는 농민은 생존의 문제이다.

이 문제를 해결하기 위하여 도입된 것이 공정 무역 fair trade 커피이다. 이는 “국제공정거래 규정을 지켜 가며 재배하고 거래한 원두로 만든 커피를 말한다. 급여가 낮은 아동 노동력을 사용하지 않았으며, 적정 가격을 지불하고 커피 원두를 구입한다는 등의 국제 규정을 준수"(김성윤, 2010: 83)한다. 가진 자를 중심으로 개편되어 있는 불공정한 사회를 보다 공정한 사회로 변화시키고자 하는 노력이 커피 전문점에서도 예외가 될 수 없다. "가볍게 즐기는 커피 한 잔이지만 공정무역 커피를 애용하여 작은 실천을 생활화한다면 정직한 생산자로부터 좋은 원두를 공급받게"(김은지, 2010: 95) 될 것이다.

커피 전문점은 젊은 세대들의 일상의 문화가 담긴 장소이다. 이 장소에서는 커피를 매개로 하여 일상이 이루어진다. 이곳에서 커피는 목적이자 수단이다. 커피라는 기호품 자체에 매료되는 사람의 경우에도 커피만을

커피 전문점에서 대화를 나누는 모습

마시지는 않는다. 커피를 마시며 그 무엇인가를 수행한다. 보통은 대화를 한다. 삶의 일상적인 일에서부터 이념까지, 그리고 저마다의 이즘ism을 토해내면서 대화를 한다. 대화는 소통의 또 다른 이름이다. 대화는 화자이자 청자, 즉 타자이자 자아를 언어나 침묵, 기호나 몸짓 등을 통하여 서로 오버랩시킨다.

그러나 그 대화가 면대면面對面으로만 이루어지는 것은 아니다. 커피 전문점의 자리를 점유하는 손님은 노트북을 켜 두고서 무선 인터넷을 통하여 세상과 소통을 하기도 한다. 요즈음은 스마트폰을 이용하여 더욱 적극적으로 세계와 소통을 하고 있다. 그래서 커피 전문점에는 소셜 네트워크가 한창이다. 커피를 음미하면서 스마트폰과 노트북을 통하여 지속적으로 가게 밖의 세계와 소통한다. 안에 있지만 밖의 세계로 네트워크를 형성하고 있다. 한 장소에 머물고 있지만, 그곳을 찾는 사람들의 노마드nomad는 계속되고 있는 형국이다. 그래서 커피 전문점을 찾는 사람들은 머물면서 움직이고, 움직이면서 쉬고 있다. 그곳에서는 책을 읽거나 글을 쓰는 사람도 흔히 볼 수 있다. 서두는 기색도 없이 자신의 일과를 수행하고 있다. 허리를 탁자 깊숙이 들이밀고 책을 보고, 탁자를 잔뜩 앞으로 당겨 놓고서 글을 쓴다. 이들은 나름대로의 방식으로 문화를 즐기는 기색이 역력하다. 그런가 하면, 고전적인 스타일로 '커피 한 잔을 시켜 놓고 그대 올 때를 기다리면서' 속을 태우는 청춘남녀도 있다.

커피 전문점은 우리 커피 문화가 다방커피, 인스턴트 커피에서 원두커피로 전환되는 계기가 되었다. 단순히 커피를 마시는 일에서 벗어나 일상적인 삶과 생활과 문화를 접목시켜 새로운 패러다임을 만들어 내고 있

카페 '고집'의 모습

다. 그러나 그 과정에 자본주의의 철저히 계산된 상술이 똬리를 틀고 있다. 그들은 그 똬리가 가능한 한 보이지 않도록 하여 사람들을 커피 문화에 중독시키고 있다. 이쯤 되면, 커피 전문점은 단순히 커피만을 팔고 마시는 공간을 넘어선다. 사람들이 비싼 커피값을 기꺼이 지불하면서도 이곳을 찾게 만드는 이유를 제공해 주고 있다. 커피 전문점의 원조인 "스타벅스는 커피 이상의 현상으로, 그들이 파는 것은 커피가 아니라 브랜드다." 즉, "커피가 아니라 커피의 취향을 팔고, 나아가 문화적 취향을 판다."(정재승·진중권, 2009: 16-18)고 진중권은 말한다. "스타벅스는 특별한 광고를 하지 않으면서도 방문자들로 하여금 스타벅스라는 이미지가 주는 고급스러움이나 엘리트적이고 국제적인 느낌을 공유하게 한다. 스타벅스를 이용하는 소비자는 한 잔의 커피를 사는 것이 아니라, 스타벅스가 주는 이미지와 상징 속으로 들어가는 것이다. 더구나 전 세계에 퍼져 있는 유사한 분위기의 스타벅스 매장은 각 지역마다 침투해 가시적 효과(인테리어)로 하나의 신분을 나타내기도 한다."(홍성용, 2008: 124-125)

사람들은 커피 전문점에서 이런 문화적 취향을 살 수 있기에 고상한 대가를 지불한다. 이 대가를 치루고도 취향을 즐길 수 있는 사람들은 상대적으로 젊은 세대들이다. 그들은 커피값을 단순히 돈의 척도로만 여기지는 않는다. 그래서 그곳에 그들의 문화적 취향이 존재하는 한 그 대가를 치를 각오가 되어 있다. 다방커피나 자판기 커피에 익숙한 사람들은 천문학적인(?) 커피 가격을 제공하면서도 희희낙락하는 그 세대들을 이해하기 어려울 수 있다.

다방

세월을 잇대어 사는 사람들의 추억이 머무는 장소

"궂은 비 내리는 날 그야말로 옛날식 다방에 앉아
도라지 위스키 한 잔에다 짙은 색소폰 소릴 들어 보렴.
새빨간 립스틱에 나름대로 멋을 부린 마담에게
실없이 던지는 농담 사이로 짙은 색소폰 소릴 들어 보렴."

–최백호, '낭만에 대하여'

다방茶房을 생각하면, 위의 노래 가사가 먼저 떠오른다. 다방은 지난 시절의 향수를 불러일으키는 장소이다. 그리고 이 시대를 함께 살아가는 사람들의 실존적인 삶이 존재하는 장소이기도 하다. 나는 최백호의 '낭만에 대하여'를 흥얼거리면서 향수와 실존적인 삶이 있는 다방으로 간다. 요즘에는 최백호의 노랫말처럼 도라지 위스키를 파는 다방은 찾아보기가 힘들다. 그러나 차와 커피를 파는 다방은 아직도 살아 있다. 그리고 다방의 꽃인 마담도 여전히 존재한다.

다방들은 대로로부터 한발 뒤로 물러서 있는 이면도로에 입지하고 있다. 이면도로는 교통 이동량이 적고 사람들의 왕래가 적은 길이다. 건물을 단위로 보면, 좁은 입구와 좁은 계단을 가진 건물의 지하나 1층에 주로 입지하고 있다. 건물의 겉모양은 화려하거나 세련되지도 않고, 페인

트 색은 세월을 이기지 못하여 빛이 바래 있다. 다방이 화려한 사거리나 대로변을 두고서 이면도로로 간 까닭은 이면도로변에 위치한 건물의 임대료가 대로변보다 상대적으로 싸기 때문이다. 다방은 임대료가 싼 곳을 찾아서 입주해야만 수입을 보장하기가 쉽기에 이면도로의 상가를 찾는다. 이 점은 다방을 찾는 사람들이 줄었다는 반증이다. 찾는 사람들이 줄면 상업성도 떨어져서 당연히 다방의 수도 줄어든다. 그래서 다방은 큰길의 화려한 상가를 내주고 거리의 뒤편으로 나앉고 있다.

다방도 화려한 시대가 있었다. 다방의 수가 많았던 영화로운 때가 있었다. 다방이 많음을 표현하던 구절은 아니지만, '교회가 다방만큼이나 많다.'라는 표현이 있었다. 이 표현은 교회가 팽창하던 사회상을 표현한 것이지만, 여기서 다방의 영화로움을 미루어 짐작할 수 있다. 이렇게 다방이 성했을 때는 큰길가, 사거리, 대학로 등 사람의 왕래가 잦은 곳, 즉 접근성이 보장되는 곳에서는 쉽게 다방을 접할 수 있었다.

다방이 만남의 장소라는 대명사로 세인들에게 각인되면서 일상적인 만남의 장소에도 '다방'이라는 이름을 붙이게 되었다. 건물 안의 다방이 건물 밖으로 나와서 일반적인 수사로 자리 잡기도 하였다. 어릴 적 기억으로 전주에는 '전다방'이 있었다. 친구나 연인을 만나는 경우, '어디서 만날까?'라고 하면 '전다방'이라고 응하던 기억이 있다. 이는 전신전화국 앞을 말한다. 이곳은 그 지역의 랜드마크landmark가 되어서 만나는 사람에게 그 장소를 설명하는 번거로움이 없어졌다. 그리고 전화국 앞에는 공중전화 부스가 많이 있었다. 지금은 공중전화 부스를 찾아보기도 힘든 시대가 되었지만, 당시에는 시내전화 전용의 빨간 전화통과 장거리 시외

1952년에 문을 연 삼양다방의 입구

통화를 할 수 있는 장방형의 회색 전화기, 소위 DDD 전화기가 함께 줄을 서 있었다. 다방은 그 시대에 중요한 문화 코드였다. 그러나 다방은 그 전성기가 쇠해지면서 새로운 활로를 찾기 위하여 이동성을 강화시켜 '티켓다방'이라는 모습으로 일탈을 하기도 하였다. 이런 일탈은 다방에 대한 사회적 이미지를 악화시키는 요인이 되었다.

커피나 차를 매개로 하여 사람들의 만남을 주선하던 곳인 다방이 처음 우리나라에 들어올 때는 유한족의 전유물이었다. 또한 문학계에서 모더니즘이 유행할 때 다방은 그 시대의 대표적인 아이콘이었다. 상대적으로 자유로운 직업군에 속했던 문학인들에게 다방은 그 당시의 문화 담론을 생산하던 곳이었다. 주로 서양의 풍물과 문명을 선호하면서 그들을 닮아 가려는 몸부림을 하던 시대의 군상이었다. 특정 집단의 전유 공간이었던 다방이 우리 사회에 대중화된 시기는 1970~1980년대이다. 이 시대에 그곳은 젊은이의 장소로 인식되었다. 시대와의 아름다운 불화를 겪고 있던 친구들을 멀리하고서, 긴 머리의 DJ가 들려주던 음악에 심취하던 모습이 있었다. 그 다방에서 미팅도 하고 선도 보고 세상 돌아가는 얘기도 숨죽여 하곤 하였다. 당시의 다방은 그 시대 젊은이들의 문화 코드임에 틀림없었다. 그러던 다방이 이제 우리의 곁에서 떠나 기억 속의 장소로 인식되어 가고 있다. 아마도 오늘을 사는 젊은이들이 다방이 아닌 커피 전문점으로 이동하고 있기 때문일 것이다.

다방 내부 공간의 배열은 4인용 소파와 그 가운데 탁자를 두고 있으며, 가림막 겸 실내 장식거리로 사용했던 어항이 자리 잡고 있었다. 그리고 탁자에는 '오늘의 운세'를 뽑는 재떨이가 놓여 있곤 하였다. 실내 공간은 뿌연 담배 연기로 가득했으며 칸막이가 없어서 시끄러웠다. 이곳에서는 동시대를 살아가는 사람들의 동질감을 엿볼 수 있었다. 오늘날 커피 전문점처럼 4인용, 2인용, 1인용 등의 다양한 탁자 배열이 없으며, 다만 4인이나 그 이상이 앉을 수 있는 자리 배열이 중심을 이루었다. 다방의 의자 배열 시에는 개인적인 공간보다는 사람들이 보다 많이 앉게 하는데 관심이 높았다. 그 이유는 간단하다. 사람이 돈이기 때문에 한 사람이라도 더 자리에 앉히는 것이 중요하기 때문이다. 그러나 시대에 따라서 사람들의 생각도 달라지기 마련이어서, 오늘날의 젊은이들은 다수자들이 모여서 얘기를 나누던 공동체주의에서 벗어나 개인적 공간과 생활을 중시하는 개인주의로 바뀌었다. 그래서 사람들의 취향 공간도 달라졌다.

다방의 백미는 커피에 있다. 소위 말하는 다방커피이다. 다방커피는

다방의 내부

다방의 진열장 모습

2:2:2의 황금 비율이다. 즉 커피 두 스푼: 설탕 두 스푼: 크림 두 스푼의 비율이다. 커피의 쓴맛을 감해 주고, 마시기에 달콤하고, 초콜릿 색감을 주는 황금 비율이다. 아마도 이 맛의 계보를 잇는 것은 커피 자판기의 밀

크커피나 일회용 커피인 믹스커피일 것이다. 다방에서의 커피 주문은 간단하다. 커피의 조합이 단순하기 때문이다. 그래서 다방커피는 주는 대로 마시는 커피이다. 공급자 중심의 커피 문화이다. 커피를 마시는 사람은 객체적 존재감을 갖는 자이다. 그래서 다방에서의 커피는 커피의 종種 다양성이 아닌 종 통일성의 문화를 보여 준다. 다방커피를 중심 문화로 향유했던 세대들은 같음을 지향했던 동질 공동체 세대라고 볼 수 있다.

그러나 요즘의 커피 전문점은 골라먹는 재미가 있다. 알아서 자신의 취향대로 커피의 맛을 결정할 수 있는 커피의 종 다양성이 있다. 지금의 그곳은 소비자 중심의 공간으로서 커피 소비자의 주체적 존재감을 준다. 그래서 개성 지향적이고 취향 공동체를 형성한다. 다방이 다름이 적은 동질 공동체를 지향하는 장소성을 가진다고 한다면, 요즘 커피 전문점은 개인의 개성을 존중하며 취향 공동체의 지향성을 가지는 실존적 공간으로서의 장소성을 가진다고 볼 수 있다. 다방 문화 세대인 나로서는 요즘 커피 전문점이 주는 다름의 순기능을 존중하기도 하지만 이들은 선택지가 많음으로써 나를 귀찮케 하는 '귀차니즘(?)'을 발동시키기도 한다.

다방을 주로 이용하는 층은 노년층이다. 지금의 다방은 노인들의 전유물이 되어 가고 있다. 다방을 자주 찾는 사람들은 다방을 추억으로, 기억으로 가지고 있는 연령층인 장년층이나 노년층이다. 65세 이상을 노년층으로 보면, 이들은 다방이 익숙한 세대이다. 장년층은 가끔 추억으로 다방을 찾는 세대이다. 젊을 적에 다방에서 옛 애인을 만나고 미팅을 하던 기억을 가지고 있는 세대이다. 그들이 이곳을 찾는 것은 세월에 밀린 것도 있지만, 경제적인 문제 때문이기도 하다. 자식을 위해서 청춘을 다 보내고 돈도 물려주고 연금으로 사는 이들은 돈을 쓰는데도 조심스럽다. 그래서 값싼 비용으로 시간을 보내기에 좋은 장소로서 다방을 택한 것으로 보인다. 또한 같은 연령층이고 사는 처지가 비슷하여 서로에게 동질감과 편안함을 느낄 수 있는 이들이 있기에 다방으로 온다. 그곳에서 친구들과 담소를 나눌 수 있다. 처자식 얘기, 세상 돌아가는 얘기, 옛 추억 얘기, 건강 얘기 등을 풀어내면서 실컷 수다를 떨고 논다. 내일 또다시 만나서 오늘과 똑같은 이야기를 할 것이다. 이들은 이곳에서 일상생활에 관한 이야기를 하는 것만으로도 즐겁다. 다방에 그들만의 일상이 묻어나고 있다.

다방의 성별 구조는 단순하다. 마담(혹은 레지. 그러나 레지를 둘 만큼 여유가 있는 다방은 흔하지 않다.)과 손님들이다. 마담은 여자고, 손님들은 대부분 남자들이다. 남자들은 연령층이 높다. 마치 여왕벌의 구조 같다. 여왕벌인 마담을 중심으로 수많은 남자들이 일벌들마냥 마담 주위로 모여든다. 여왕벌인 마담은 상대적으로 남자들에 비해서 젊은 편이다. 세월이 흘렀어도 남자는 남자다. 이 남자들의 주된 화제는 성에 관한 담론이다. 양성 평등이나 여성 권익 신장이나 페미니즘 등과 같은 거창한 담론은 아니다. 마담과 소소한 얘기를 나눈다. 때론 시시껄렁한 이야깃거리도 나눈다. 그러나 소소하고 시시껄렁한 이야기가 이들에게는 삶의 윤활유이자 살아 있음을 보여 주는 활력소이다. 이곳을 찾는 남자들은 커피 한 잔을 매개로 하여 삶의 활력을 찾는다. 마담에게 한 잔 더 사 주는 센스는 더욱 이야기꽃을 피우게 한다. 그래서 다방은 '환대와 기대와 인간적인 영접이 있는 친밀성의 장소'이다. 그 친밀성은 마담의 '여성적인 얼굴의 부드러움을 통해 창조된다'(김애령, 2012: 90).

다방에는 단골손님이 있다. 그 손님들은 보통 한 주를 단위로 일정하게 다방을 찾는다. 다시 말하여, 다방에 온 사람이 또 온다는 것이다. 그리고 변함없이 찾아오는 손님인 단골의 확보 정도가 다방의 생존을 판가름하는 중요한 잣대가 된다. 단골이 찾아오는 거리의 범위가 다방의 상권일 것이다. 다방의 상권과 단골손님의 정도에는 다방 마담의 역할이 중요하다. 마담이 커피를 잘 끓여야 함은 물론 당연한 것이고, 무엇보다도 중요한 것은 마담의 손님에 대한 적절한 자리 배분과 시간 안배이다. 마담이 다방을 찾는 손님 누구에게나 적절한 시간과 관심을 주는 것이 단골손님을 유지하는 절대적인 영업 전략이다.

노인들이 자주 찾는 곳인 다방은 저비용 사회복지시설의 기능을 감당한다. 오랫동안 나누어 온 마담과의 교분은 단순히 남녀 간의 소통이 이루어지는 것을 넘어서 친구와 같은 관계를 유지하게 만든다. 다방의 마담은 주기성을 가지고서 다방에 찾아오는 손님이 오지 않는 경우를 가벼이 여기지 않는다. 다방에 나오지 않는 손님을 눈여겨 둔 후, 하루를 나오지 않으면 문자도 보내 보고, 다음날도 나오지 않으면 친구 동료에게 묻기도 하고, 그래도 나오지 않으면 119에 신고를 하기도 한다. 어느 한 마담은 80여 명의 노인을 관리하고 있다고 귀띔을 한다.

다방을 찾는 사람들은 노인들이기에 건강을 장담할 수 없다. 그리고 자식을 먼 곳이나 가까운 곳으로 출가시킨 핵가족 세대인 경우, 그중에서도 특히 홀아비 독거노인일 경우, 그 노인들이 아픈지 여부를 알아보는 것은 매우 중요하다. 이 일을 수행하는 중심에 서 있는 마담과 다방은 그래서 사회복지사이자 사회복지기관이다. 다방은 저비용으로 고비용의 사회복지시설 못지않게 사회복지를 감당하는 곳이다. 다방이 사회복지 시설이기에, 이곳에서는 치유와 상담이 일어날 수 있다. 혼자 사는 이에게는 말벗이 되어 주고 긴 시간 동안 혼자 있음으로 인한 외로움을 덜어 내어 주는 곳이다. 마담은 그 노인에게 사는 즐거움을 준다. 그래서 마담은 단순히 마담이 아니고, 노인들의 생활복지를 다루는 사람이다. 아마도 다방에 사회복지 기금을 지원하는 시절이 오질 않을까 앞질러 상상을 해 본다.

다방은 우리 사회의 이면도로로 물러서 있다. 과거의 화려한 시절을 뒤로 한 채 그곳을 찾는 사람들도 특정층으로 한정되어 있다. 그러나 다방은 만남의 장소를 넘어서서 사회복지기관으로서의 역할에 이르기까지 그 기능을 확대재생산 시키고 있다. 이렇게 힘든 변신을 하고 있는 다방은 오늘날 중장년층이나 노년층들이 젊은 시절에 유목 문화의 노마드를 꿈꿀 수 있도록 해 준 장소였다. 하지만 지금은 그들에게 유목 문화를 추억삼아 재정착할 수 있도록 앵커 역할을 해 주는 장소로 존립하고 있다. 젊은 날의 추억을 떠올리면서 나도 그 장소에 가 보고 싶다.

2

개인의 삶이 묻어나는 장소

고향
성장기의 기억과 나를 이어 주는 장소

올 추석에도 어김없이 고향을 찾아 수많은 사람들이 길을 나섰다. 사람들은 고향을 찾는 길이 힘들어도 그 길을 마다하지 않는다. 고속버스나 기차의 표를 구하기 위하여 밤을 세워 가면서 장사진을 이루는 모습은 많이 사라졌어도, 고향으로 가는 길은 여전히 교통 체증으로 몸살을 앓는다. 짧다면 짧고 길다면 긴 추석 연휴 동안에, 사람들은 연어의 회귀 본능처럼 고향을 찾아간다. 그들은 고향에 가서 부모를 찾아 뵙고 차례를 모시고 성묘도 한다. 사람들은 추석이 되기 전에 부지런히 산소에 가서 벌초를 한다. 지난 여름의 작열하는 태양 아래서 웃자란 풀들을 잘라내서 산소의 봉분과 그 주변을 깔끔하게 다듬어 준다. 이런 모습은 고향에서 흔히 볼 수 있는 풍경이다.

고향을 생각하면, 맨 먼저 정지용 시인의 '향수(鄕愁)'가 떠오른다.

넓은 벌 동쪽 끝으로 옛 이야기 지줄대는/ 실개천이 휘돌아나가고/ 얼룩백이 황소가/ 해설피 금빛 게으른 울음을 우는 곳/ 그곳이 차마 꿈엔들 잊힐리야

질화로에 재가 식어지면/ 빈 밭에 밤바람소리 말을 달리고/ 엷은 조름에 겨운 늙으신 아버지가/ 짚벼개를 돌아 고이시는 곳/ 그곳이 차마 꿈엔들 잊힐리야

흙에서 자란 내 마음/ 파란 하늘빛이 그리워/ 함부로 쏜 화살을 찾으러/ 풀섶이슬에 함추룸 휘적시던 곳/ 그곳이 차마 꿈엔들 잊힐리야

전설바다에 춤추는 밤물결 같은/ 검은 귀밑머리 날리는 어린 누이와/ 아무렇지도 않고 예쁠 것도 없는/ 사철 발벗은 아내가/ 따가운 햇살을 등에 지고 이삭 줍던 곳/ 그곳이 차마 꿈엔들 잊힐리야

하늘에는 성근 별/ 알 수도 없는 모래성으로 발을 옮기고/ 서리 까마귀 우지 짖고 지나가는 초라한 지붕/ 흐릿한 불빛에 돌아앉아 도란도란거리는 곳/ 그곳이 차마 꿈엔들 잊힐리야

－정지용, '향수'의 전문

솔직히 말하면, 정지용의 시보다는 그의 시에 곡을 붙여서 박인수와 이동원이 부른 노래인 '향수'가 더 와 닿는다. 하지만 시에 노래를 붙였든 시 자체로든, 여전히 고향하면 생각나는 것이 '향수'이다. 노랫가락에 맞추어서 시 구절이 저절로 읊어진다. 이 시는 고향에 대한 추억을 담아 잘

외양간의 소

묘사하고 있다. 시인은 고향을 '얼룩백이 황소가 해설피 금빛 게으른 울음을 우는 곳', '엷은 조름에 겨운 늙으신 아버지가 짚벼개를 돌아 고이시는 곳', '함부로 쏜 화살을 찾으러 풀섶 이슬에 함추름 휘적시던 곳', '사철 발 벗은 아내가 따가운 햇살을 등에 지고 이삭 줍던 곳', '초라한 지붕 흐릿한 불빛에 돌아앉아 도란도란거리는 곳'으로 표현하고 있다. 그리고 그 고향을 차마 꿈에도 잊을 수가 없다고 수차례 강조하여 말하고 있다.

고향은 장소성을 지니고 있다. 정지용 시인은 고향의 장소성을 네 가지, 즉 아름다운 자연 풍광을 지닌 곳, 부모가 계신 곳, 유년의 기억이 깃든 곳, 자신을 포함한 가족의 실존적인 삶과 그 삶 속에서의 추억이 있는 곳으로 보고 있다. 여기서 표현한 장소성은 시인이 바라보는 고향의 정서이자 정신이다. 정지용 시인의 고향에 대한 네 가지 장소성은 고향에 대한 전통적인 정서와 정의를 담고 있다. 그리고 시인이 표현한 장소성은 고향을 그리워하는 사람들에게 감정 이입을 충분히 이끌어 낼 수 있을 만큼 심금을 울리고 있다.

고향에 대한 전통적인 정의는 '조상 대대로 살아온 곳'이다. 이 정의는 농업 사회의 고향관이다. 전통 사회에서는 한곳에 오랫동안 터를 잡고서 정착 생활을 하며 주변의 땅을 일구어 농사를 짓고 살았다. 조선 시대에 벼슬길을 한양으로 나가더라도 다시 은퇴하여 고향으로 돌아오는 이유도 여기에 있다. 조상 대대로 살아온 곳에 자신도 또 하나의 삶을 연장하여 보태며 살아갔다. 이런 개념은 나와 실존적인 관계가 깊은 부모님이 성장하여 살아가면서 거주한 곳을 고향으로 받아들이고 있다. 이 점은 『소학小學』의 한 구절인 '고향에서 예를 지켜라'에서 "공자도 마을에서는 삼가고 겸손한 모습이었다고 한다. 부모의 마을에서는 극진한 예를 다해야 한다."(주희·유청지, 윤호창 역, 2011: 265-266)에 잘 나타나 있다.

보편적으로 전통적인 고향관은 부모와 관련되어 있다. 정지용 시인도 고향을 '늙으신 아버지'가 계신 곳으로 표현하고 있다. 이런 관점은 가부장적인 고향관이다. 조상 대대로 살아온 곳인 고향은 어머니의 고향이 아니라 아버지의 고향이다. 이런 사고는 전통적인 부계 중심의 사회를 반영하고 있다. 그 결과, 우리는 어머니의 고향에 대해서 소홀히 하는 경향이 있다. 이는 나의 삶에 깊은 영향을 미친 또 하나의 자양분인 어머니의 고향을 세심하게 기억하지 못하거나 의미를 덜 부여하는 결과를 낳곤 한다.

또 한편으로 고향은 '자기가 태어나서 자란 곳'으로 정의되기도 한다. 이 개념은 고향을 조상이나 부모와의 연계 측면에서 정의하기보다는 자기 자신을 중심으로 정의하고 있다. 이 정의는 자기 본위의 고향관이다. 특히 이 관점은 전통 농업 사회에서 산업 사회로 진입하면서 보다 두드러졌다고 볼 수 있다. 자기 중심의 고향관으로서 자기가 태어나서 자란 곳, 즉 성장기를 주로 보낸 곳을 고향으로 본다. 유년 시절과 청소년기를 보낸 장소가 곧 고향이다. 이 시기의 성장과 관련된 고향에서의 많은 추억은 개인의 인생사에 큰 흔적을 남기게 된다. 그 흔적이 긍정적이든 부정적이든 간에, 그것은 인생을 살아가는데 있어서 의미로운 경험이 될 수 있다. 이것은 고향을 아버지나 조상 중심이 아닌 자기를 중심으로 보기에 보다 실존적인 고향관이라고 볼 수 있다. 정지용 시인은 그 고향을 유년의 기억이 깃든 곳, 자신을 포함한 가족의 실존적인 삶과 그 삶 속에

하동 쌍계사 입구의 마을 모습

서의 추억이 있는 곳으로 표현하고 있다.

고향은 감성을 지닌 장소이다. 우리에게 짙은 향수를 불러일으키는 인생의 문신이다. 그 문신의 무늬는 고향의 자연환경과 인문환경을 날줄과 씨줄로 삼아서 그 위에 많은 경험을 축적하고 삶을 나눈 결과이다. 그 토대 위에서 이루어진 유년과 성장기의 경험은 기억의 전달자가 되어 성인기의 삶에까지 영향을 준다. 그런 면에서 장소로서 고향은 "정감 어린 기록의 저장고이며 현재에 영감을 주는 찬란한 업적이다."(이-푸 투안, 구동회 · 심승희 역, 2007: 247)

고향에서 각자 경험하는 정도는 모두 다르며, 그 기억의 지문도 사람마다 다르지만, 그곳에서의 경험이 사람들에게 영향을 주는 것은 분명하

전남 담양 봉안마을의 골목길

깨를 털고 있는 모습
(전남 담양)

다. 그래서 고향은 '마음속에 깊이 간직한 그립고 정든 곳'이 된다. 정지용 시인은 고향에서 활을 쏘며 놀던 일, 도란도란거리던 일, 아내가 고생하던 일 등을 떠올려서 표현하고 있다. 또한 사람들은 고향에서 경험했던 실개천, 평야, 골목길, 죽마고우, 고생하던 일, 농사일, 감 따먹기, 서리하던 일 등 모든 것에 강한 의미를 부여한다. 그 의미 부여는 곧 마음속에 감동을 주어 고향은 정든 곳이 된다. 그러기에 그 정든 곳인 고향을 떠나서 객지에 사는 사람들은 고향 막대기만 보아도 가슴이 뭉클해진다.

고향이라는 감정적 토대가 같은 사람들끼리는 공감대가 깊고 넓게 형성된다. "사람들은 삶의 과정에서 체험한 장소 중의 하나인 고향을 통해서 자신을 지각하는 경향이 있다. 그리고 고향이라는 장소를 통해서 지역적 정체성을 얻으며, 성공적인 삶을 영위할 동기도 얻고, 고향을 통해서 자신을 보호하며 위안을 얻으려 한다."(이은숙·신명섭, 2000: 421) 대체로 "고향에 대한 애착은 공통적인 인간의 감정이다. 그 강도는 문화에 따라, 역사적 시기에 따라 다르다. 유대가 많으면 많을수록 감정적 결속은 더욱 강해진다."(이-푸 투안, 2007: 254) 더 나아가 고향은 정치적 정체성과 문화적 정체성을 형성하는 토대가 되기도 한다. 고향에 관한 집단적인 장소 정체성은 지역의식으로 발전하고, 때로는 배타적인 지역의식으로 발전하여 지역감정으로 나타나기도 한다. 그리고 이것은 정치적 이데올로기를 형성하는 기저를 이루어 정치적 의사결정이나 정치적 행위로 이어지게 된다.

고향의 공간적 범위는 보통 공동체적인 삶이 영위되는 마을 단위이다. 성장기의 경험이 가장 집약적으로 축적되는 공간 범위가 마을 단위이기 때문이다. 도시에서는 성장기의 경험이 일어나는 공간적 범위를 집에서 초등학교나 중학교까지의 영역으로 볼 수 있다. 이 정도의 영역은 동洞 단위로 볼 수 있다. 촌락 지역에서는 그 경계가 분명하지만, 도시 지역에서는 경계가 다소 불분명하다. 고향은 이 범위 안에서 우리가 경험해 온 주관적 경관이다. 고향의 공간적 범위는 사람이 성장하면서 그 물리적 영역도 넓어진다. 즉, 마을이나 동 단위에서 고장, 지역, 국가 단위로 확대되어 간다. 그 범위의 확대와 함께, 고향에 대한 기억이나 애정도 희석될 수 있다.

고향은 성장기에 형성된 의미 공간이다. 성장기는 주로 부모에 의존하는 시기여서 부모의 생활 거주 공간이 자신의 고향을 결정한다. 자신이 자란 곳을 고향으로 정의하더라도, 부모의 경제적, 사회적 배경 등이 영향을 준다. 곧 고향은 내가 선택한 장소가 아니라 이미 주어진 장소이다. 기본적으로 고향은 과거 지향적인 개념, 즉 기억에 의존하는 개념이다. 과거의 기억은 현재의 삶과 분리되지 않으며, 분리될 수도 없다. 과거의 삶과 분리될 수 없기에 고향에 대한 기억은 현재의 삶에 영향을 주고, 미래로 이어진다. 부모가 유목민적 생활을 했을 경우에는 고향에 대한 정체성이 약해질 수 있다. 이는 곧 장소애場所愛를 약화시키는 요인이 되기도 한다. 성장기에 부모의 안정감 있는 정착은 자녀의 고향 정서의 형성에 깊은 영향을 준다.

또한 사람들은 원치 않게 고향과 이별을 해야 하는 경우도 있다. 전쟁으로, 댐 건설 등 대규모 토목공사 등으로 고향 땅을 잃는 경우가 그렇다. 사람들은 고향을 다시 찾을 수 없을 때 큰 상실감을 느낀다. 이런 경우에

전북 진안 행정마을의 마을 숲

는 고향을 대체하는 유사 마을 공간을 인위적으로 만들기도 하고, 동병상련을 겪는 사람들끼리 한곳에 모여 살며 서로가 서로에게 위안이 되어 주기도 한다. 어느 여름의 끝자락에 전북 진안군 마령면에 소재한 '공동체 박물관 계남정미소'를 다녀왔다. 그곳에서는 '용담댐, 그리고 10년의 세월'이라는 주제로 용담댐의 건설로 고향이 수장된 수몰민들에 관한 사진 전시회가 열리고 있었다. 그 전시회에서 수몰민들은 고향을 '말로 표현할 수 없이 가슴 먹먹한 곳'으로 표현했다. 한 주민은 "옛날 그 고향으로 돌아갈 수만 있다면 얼마나 좋겠소. 날마다 꿈을 꾸는데 고행마을의 고샅길, 개울물과 숲이 자꾸만 흔들린다. 가끔은 뚜렷이 기억이 나지 않을 때가 있다."(『용담댐, 그리고 10년의 세월』 자료집, 2010: 2)고도 했다. 고향을 상실한 사람들의 정신적 고통은 크다. 자신의 성장기를 보낸 경험 장소인 고향의 상실은 성인이 되었어도 또 다른 디아스포라를 낳는다.

현대 사회의 치열한 삶의 현장에서 살아가다 보면 고향을 잊고 살 때도 있다. 하지만 우리는 그 원초적 장소인 고향을 완전히 지울 수가 없다. 이미 우리 몸 구석구석에 그 장소의 기억이 지문으로 자리하고 있기 때문이다. 우리들은 삶과 정신의 밑그림인 고향 위에 다양한 경험과 사고를 덧칠하며 살아갈 뿐이다. 감성의 장소인 고향이라는 수구초심이 우리의 마음 속에 똬리를 틀고 있다. 우리의 내면 깊숙이 자리하고 있는 고향에 대한 추억을 공유한 사람들은 틈나는 대로 한 올씩 그 기억을 꺼내어 함께 대화를 나눌 수 있다. 가을로 가는 길목에 고향 친구에게 전화를 하여 막걸리 한잔을 나누며 묵은 얘기꽃을 피워 보고 싶다.

화장실

누구나 사용하고 있지만 아무도 보여 주지 않는 장소

개똥녀의 소동이 있었다. 그 소동의 핵심은 지하철에서 개 주인이 개가 싼 똥을 치우지 않고 가 버린 데 있었다. 개의 주인인 그녀는 세상의 뭇매를 맞았다. 이 사건의 발단은 개가 똥을 지하철 안에서 쌌다는 점이다. 개는 지하철 안에서도 똥을 쌀 수 있는 존재이다. 개는 수치감이 없으며 사람이 만든 도덕이나 가치관이 없기 때문이다. 그러나 사람의 도덕과 가치관으로 봤을 때 엄연히 개와 사람이 다른데 사람이 노는 공간에서 개가 똥을 싸다니, 더군다나 그 똥을 창피하다며 그냥 버리고 간 주인을 절대로 용서할 수가 없는 것이다. 여기서 드는 생각은 '인간과 동물의 공통점은 물을 마시면 오줌을 누고, 밥을 먹으면 똥을 싸야 한다는 것'(예자오엔, 2008: 103)이고, '인간이 동물보다 뛰어나다는 중요한 지표 가운데 하나는 아무 데나 대소변을 보지 않는다는 점'(예자오엔, 2008: 102)이다.

사람이 똥과 오줌을 누는 장소를 부르는 말은 다양하다. 그중에서 가장 대표적으로 사용되는 용어는 화장실이다. 또 다른 용어로는 똥과 오줌을 대변과 소변으로 구분하여 이 둘을 누는 곳이라 해서 변소便所라 부르기도 하고, 건물의 뒤쪽에 있다는 뜻으로 뒷간이라고도 한다. 뒷간의 한자어 표현인 측간厠間으로도 부르는데 전라도 사투리로는 치깐이라 한다. 사찰에서는 속세의 근심을 푸는 곳이라는 의미로 해우소解憂所라 한다. 속된 표현으로는 (어릴 적에 주로 쓰던 말로) 똥깐이라 한다. 그리고 휴대용 변소로는 요강과 임금이 사용했다는 매화틀이 있다. 화장실에 대한 이름이 무엇이든지 간에, 이곳은 똥과 오줌을 싸는 장소다.

흔히 하는 말로 "처갓집과 변소는 멀수록 좋다."는 속담이 있다. 이 속담은 화장실의 입지에 관한 것이다. 전통적인 재래식 화장실의 입지는 생활의 장소로부터 가능한 먼 곳이어야 했다. 전통적인 한옥의 본채 건물에서 가장 먼 곳은 담장 가까이이다. 그래서 이러한 경우에 보통 화장실은 담장을 벽으로 삼아서 존재한다. 그리고 본채의 앞마당보다는 뒷마당에 위치한다. 지저분하고 냄새나는 공간인 화장실의 위치는 자주 눈에 띄는 곳보다는 용무가 필요할 때만 그 용도를 확인할 수 있는 곳으로 집의 뒷마당이 보다 적절하기 때문이다.

집들이 일정한 곳에 집중 분포하여 형성된 집촌集村의 경우에는 각자 자기 집에서 가장 먼 곳을 화장실의 입지로 택하게 된다. 이때, 마을 사람들은 화장실을 동네 길가에 만들게 된다. 이런 식으로 형성된 대표적인 곳이 전주 한옥마을의 12똥통길이다. 이 골목길에는 12채의 집들이 있는데, 모두 길가에 맞대서 화장실을 만드는 바람에 12개의 화장실이 골목

길가를 따라서 들어서게 되었다. 과거에는 이곳의 화장실이 재래식이어서 심한 분뇨 냄새가 골목에 진동하였다. 그래서 이곳을 지나는 사람들은 이 길에 12똥통길이라는 별명을 지어 불렀다. 지금도 그 골목길에는 길을 따라서 형성된 화장실을 볼 수 있다.

전통사회에서는 이런 식의 화장실 입지 현상이 보편적으로 나타났다. 화장실의 입지에 관한 사항은 똥오줌 누는 장소에 관한 금기로도 나타난다. 이것은 다른 나라에서도 존재한다. "오줌 누는 장소에도 금기가 있다. 보통 민간에서 오줌은 변소처럼 눈에 띄지 않는 정해진 곳에서 누게 되어 있다. 아무 데서나 대소변을 보는 것은 금기시된다. 대소변은 집에서 멀리 떨어진 곳에서 보도록 되어 있다. 키르키즈족 사람들은 집이나 천막 부근에서 대소변을 보는 일을 엄금한다."(예자오옌, 2008: 102)

시대의 변화와 함께, 화장실의 입지도 변하고 있다. 일제 강점기에는 일본식 가옥인 적산가옥敵産家屋이 소개되었다. 이 가옥에는 화장실이 건물 밖에서 안으로 들어와 있다. 여기에는 다다미 마루가 깔린 대청이 있는데 이곳은 살림방인 안방과 창고의 중간 지대이다. 그 대청의 맨 끝, 즉 안채에서 가장 먼 곳에 화장실이 있다. 화장실을 사용하는 경우에는 이 마루를 가로질러서 이동하였으며, 그 아래에는 큰 분뇨통을 두었다. 이렇게 건물 안으로 들어오기 시작한 화장실은 아파트와 서양 가옥의 개념이 보편화되면서 우리의 생활 공간에서 가장 가까운 곳으로 그 입지가 변하였다. 아파트의 경우, 화장실이 안방까지 진입하였다.

이를 보면, 화장실의 입지는 우리의 삶터로부터 가장 먼 곳에서 우리의 삶과 가장 가까운 곳으로 이동하였다. 우리 사회가 신모계新母系 사회로 변하면서 처갓집이 전보다 가까워진 것처럼, 화장실은 이제는 삶과 가까울수록 좋은 장소가 되었다. 이렇게 화장실이 먼 곳에서 가까운 곳으로 이동하면서 화장실의 달걀귀신 이야기도, 플래시를 들고 빛을 얼굴에 비추며 노는 귀신놀이도 동화책 속의 전설로 사라지게 되었다.

휴대용 화장실인 요강의 입지는 안방 문밖의 마루에 주로 있었다. 휴대용이긴 하지만 그래도 방에서 좀 떨어진 곳인 마루가 요강의 위치이다. 그러나 겨울이 되면 요강은 안방으로 밀고 들어온다. 안방에서는 방의 위쪽에 위치한다. 다음날 아침에 요강의 오줌은 손에 들려서 화장실의 잿간에 뿌려진다. 그리고 그의 생명력을 퇴비로 이어 간다.

화장실의 입지가 변화하는 것은 인간의 사고 변화에 따른 것으로도 보인다. 화장실의 기능과 화장실을 보는 관점이 과거에 비해 달라지게 되었다. 우리의 전통적인 재래식 화장실은 대소변을 보는 것이 주기능이며, 이 방식은 인간이 만든 똥오줌을 다시 활용하는 지혜로움을 가지고 있다. 화장실의 분뇨통이 가득 차면 이를 퍼서 창고의 재에 뿌려 둔다. 이것은 자연산 퇴비가 되고, 논과 밭에 뿌려서 토양의 질을 유지하는데 사용된다. 그리고 그 밭에서 키운 채소 등은 다시 우리의 입으로 들어간다. 이런 면에서 "똥이 자원이다."라는 말과 상통한다. 여기서는 똥오줌을 인간의 부산물이지만 동시에 자연의 일부로 본다. 그리고 다시 자연으로 회귀시킨다. 제주도의 똥돼지 화장실은 이를 잘 보여 주는 사례이기도 하다.

화장실이 먼 곳에 입지한 경우 똥오줌은 환경 생태의 순환을 돕는 기능을 한다. 그러나 화장실이 삶터에서 가장 가까이 존재하는 경우에는 인

화장실의 내부 모습

조는 생활과 구분되는 구조이고, 후자는 생활 밀착형 구조이다. 전자의 화장실에서는 똥오줌을 누는 생리적인 기능을 최우선적으로 본다. 여기서는 불편한 자세로 앉아서 일을 보기에 오랜 시간을 견디기가 어렵다. 반면에 후자의 화장실은 단순히 생리적인 문제만을 해결하는 곳이 아니다. 양변기에 앉아서 일을 보기에 장시간 견딜 수 있다. 아침에 조간 신문을 보는 일에서부터 면도를 하고 샤워를 하고 양치질을 하기도 한다. 이 중에서도 화장실에서 신문을 보며 세계를 살펴보는 것이 가장 즐거운 일이다. 이처럼 오늘날의 화장실은 생활의 편리함을 주는 다용도이자 다차원의 공간이라 할 수 있다.

재래식 화장실과 현대 화장실의 중간쯤 되는 것이 소위 푸세식(?) 화장실이다. 아마도 이것은 무늬만 서양식인 화장실이다. 화장실의 변기는 좀 달라졌지만, 물을 바가지로 퍼서 대소변을 내리고 그 내린 것을 곧바로 변기통으로 떨어지게 하는 방식이다. 이 푸세식 화장실에서는 주로 일을 보며 담배를 피우는 정도의 일을 할 수 있다.

화장실에는 사용자와 대기자 간의 소통 구조가 있다. 재래식 화장실은 특별히 문고리 등이 잘 갖추어져 있지 않아서 주로 헛기침이나 소리로 사용 여부를 확인한다. 예를 들어, 경북 안동의 병산서원에는 달팽이 화장실이 있는데, 그 위치는 뒷마당 끝이고 구조는 달팽이 모양으로 둥글게 말려 있으며 문은 없다. 화장실이 둥글게 말려 있어서 밖에서는 안에서 일을 보는 사람이 보이지 않는다. 밖에서는 헛기침 한 번으로 내부에

경북 안동 병산서원의 달팽이 화장실

사람이 있음과 없음을 확인한다. 그러나 요즘 화장실에는 문이 있어서 노크로 사용 여부를 알아 볼 수 있다. 혹은 공중화장실의 경우에는 '사용 중' 혹은 '비어 있음' 등의 표시를 해 두어 쉽게 사용 여부를 알 수 있다.

학교, 영화관, 관공서, 건물 등에는 공중화장실이 있다. 이곳은 불특정 다수가 사용하는 공간이기에 익명성이 보장된다. 그 익명성으로 인하여 화장실은 분출의 장소이자 소통의 장소가 되기도 한다. 세상에 대한 욕설을 쏟아놓거나 그를 통해서 세상에 불만을 토로하기도 하고, 독재의 시대에는 독재자에 대한 비판과 민주주의에 대한 열망을 담은 민심의 창구이기도 하였다. 그리고 예나 지금이나 화장실은 인간의 성적 욕구를 유치하지만 가장 원초적인 방식으로 표출하던 곳이기도 하다.

또한 공중화장실은 여전히 청소년들의 일탈 장소이다. 어른들이 하지 말라는 것들을 어떻게든 해 보고 싶은 세대들은 화장실이라는 은밀한 장소에서 일탈을 하곤 한다. 보다 근사한 장소에서 멋들어진 폼을 재며 담배를 피워 보고 싶었지만, 그 녀석을 처음으로 맞이해서 피워 본 곳도 음침하고 칙칙하고 냄새나는 화장실이었다.

공중화장실은 정기적인 청소를 한다. 그러나 화장실의 청소 내역도 시대와 장소마다 다를 수 있다. 학창시절에는 마포로 변기통을 박박 닦아서 오물을 치우는 것이 청소의 전부였던 기억이 있다. 이런 화장실 청소의 기억도 떠오른다. 텍사스주립대학교에 교환교수로 방문했을 때는 화장실에 일을 보러 가니, 문에 노란색의 띠로 X자가 쳐 있었다. 그리고 문에는 "오늘은 AIDS 소독으로 화장실을 사용할 수 없습니다. 다른 층의 화장실을 이용해 주십시오."라고 적혀 있었다.

공중화장실은 남녀가 유별한 장소이다. 남녀가 유별하기에 남자 화장실에는 '남자', '남', 'Gentleman', 'men', '신사용', 남자 그림 등을, 그리고 여자 화장실에는 '여자', '여', 'Lady', 'women', '숙녀용', 여자 그림 등을 문에 붙여 놓는다. 남녀는 그 생리적 특성의 차이로 인하여 화장실을 이용하는 시간이 다르다. 남자는 소변기와 대변기가 따로 있어서 그 이용 시간이 상대적으로 짧다. 그러나 여자들은 동일한 변기를 이용해서 일을 보고, 반드시 옷을 벗고 앉는 일의 복잡함으로 일을 보는 시간이 남자보다 많이 걸린다. 그래서 여권 운동가들은 남녀의 생리적인 차이를 존중하여 남자보다 여자들의 변기 수가 더 많게 늘려야 한다고 주장한다. 그리고 공중화장실은 다수가 이용하는 공간이다. 변기의 숫자보다 이용하려는 사람이 많을 경우에는 줄을 서야 한다. 줄을 서는 방법도 곳에 따라 다르다. 우리는 보통 변기 문 앞에서 줄을 서지만, 서양에서는 화장실 입구에서 줄을 선다. 변기 앞에서 줄을 서는 경우에는 복불복의 원리가 작용한다. 변비라도 걸린 사람이 일을 보는 경우에는 하염없이 기다리며 줄을 잘못 섰다는 후회를 해야 한다. 화장실 입구에서 기다리는 경우에는 이런 일이 발생할 염려가 없다. 나름 합리성이 있다. 그래서 요즘에는 화장실 한 줄 서기 운동을 하기도 한다.

공중화장실에는 화장실 사용에 관한 각종 문구들이 적혀 있다. '아름다운 사람은 머문 자리도 아름답습니다', '남자가 흘리지 말 것은 눈물만이 아니다', '변기에 이물질을 버리지 맙시다', '휴지는 휴지통에', '당신의 실천이 모두를 행복하게 합니다', '조준을 잘해 주시면 제가 본 것은 비밀로 해 드리겠습니다. ~쉿! -소변기 올림-' 등이 대표적이다. 참으로 다양한 표현을 통하여 사람들의 관심과 주의를 끌어내려 하고 있다. 이 문구들을 보면, 주로 남성에 초점이 맞춰져 있다. 확실히 서서 일을 보는 것이 화장실 오염의 주범이 아닌가 싶다. 모든 남성들을 앉아서 일을 보게 하는 시대가 올지도 모르겠다는 생각이 갑자기 밀려든다.

화장실은 원초적이며 생리적인 장소이다. 모두 다 사용하는 장소이지만 아무에게나 보여 주지 않는 장소다. 그곳에서 발칙한 상상을 해 보는 것은 어떨까.

몸
나와 세상을 이어 주는 장소

삶의 질이 향상되면서 몸은 소중한 관심의 대상이 되고 있다. 몸이 아파서 병원에라도 갈 때에는 몸에 대한 관심이 더욱 높아진다. 병원에 가서 의사로부터 건강을 위하여 체중을 빼고 운동을 하라는 권고와 처방을 받으면, 며칠 동안은 긴장을 하고서 열심히 운동을 하곤 한다. 드라마나 영화를 보면서는 유명 남자 배우들이 웃옷을 벗어던지며 의도적으로 드러내는 '초콜릿 복근'을 부러워하기도 한다. 그럴 때면 나의 몸 아랫 부분으로 시선을 떨구면서 애꿎은 아랫배에 부질없이 힘을 주어 보기도 한다. 또한 헬스클럽의 러닝머신 위를 달리고 있는 여자들은 운동으로 군살을 부지런히 빼서 S라인의 몸매를 만들거나, 턱살을 빼서 얼굴의 V라인을 살려 보려고 노력한다. 여름 방학이 끝나고 새 학기가 시작되면 쌍꺼풀 수술을 하여 변신을 한 일부 여학생들을 만나 볼 수 있다. 머리에

염색을 하고 갖은 장식을 하고 스키니 바지를 입은 그들을 보면 세대 차이를 느끼곤 한다. 그리고 해가 질 무렵 학교 운동장에는 노인들이 노구를 이끌고 부지런히 운동장을 돌면서 운동하는 모습도 볼 수 있다.

이렇듯 우리들은 몸의 생리적 활동을 돕고 무너진 몸의 안정감을 바로 세워서 균형을 찾으려 하기도 하고, 몸을 만들고 가꾸어서 자신을 세상 밖으로 투사하려 하기도 한다. 몸은 이 모두를 담아내는 최전선이다.

몸은 우리의 마음을 담는 장소이자 자신의 자아를 구체화시키는 곳이다. 몸과 마음이 일체인지 분리인지, 자연적인 것인지 사회적인 것인지에 대해서는 오랜 논란의 역사가 있으나 마음이 몸 안에 있음은 분명하다. 그것은 몸이 없으면 마음도 없기 때문이다. 몸은 자아를 사회와 이어주고 사회를 나와 연계시켜 주는 통로이고, 나와 나 아닌 또 다른 자아들을 연결시켜 주는 네트워크이다. 다시 말하여 몸은 자아의 정체성을 바탕으로 해서 사회에서 만들어지는 사회적 의미를 접하게 하고, 또한 자아에서 형성된 개인적 의미를 사회와 맞닥뜨리게 하는 일차적 장소라고 볼 수 있다. 그래서 몸은 사람의 '가장 친밀한 지리geography'(질 발렌타인, 박경환 역, 2009: 29)라고 볼 수 있다. 또한 몸은 '생리적인 의미뿐만 아니라 사회적 의미에서 자아와 타자의 경계'(질 발렌타인, 박경환 역, 2009: 29)를 정하기도 한다. 장소로서의 몸은 몸 자체에 관한 철학적 관점보다는 몸과 관련된 사회적인 측면에 보다 많은 관심을 갖는다.

몸은 자신과 사회와의 일차적 관계를 통하여 형성된 사회적 관계를 표현하는 장소이다. 자아라는 사적 영역과 사회라는 공적 영역의 접점이 몸이다. 이러한 몸은 단순히 신체를 넘어서 사회적, 경제적 그리고 문화적 정체성을 담아 자아를 표현하는 장소이다. 그 대표적인 것이 자아를 둘러싼 성gender, 사회계층, 문화, 인종과 민족 등과 같은 정체성이다. 예를 들어, 강의실에서 귀걸이를 한 남학생을 자주 보는 일(그러나 아직 오른쪽 귀에 귀걸이를 한 남학생은 보지 못하였다), 화장하는 남학생, 키높이 구두를 신는 일, 정비사가 입고 있는 작업복, 차도르를 두른 이슬람 여인, 서양식 결혼식을 하면서도 폐백 시에는 한복을 입는 것 등을 들 수 있다. 사람들은 이렇듯 자신들의 정체성을 몸에 반영하여 자신의 차별성, 곧 다름 그리고 자신의 동질성, 곧 같음을 드러낸다. 자신의 정체성을 토대로 차별성과 동질성을 드러내는 과정이 '사회적 문신화 social tattooing'이다. 몸이라는 장치는 개인이 다른 사람들과 같거나 다르다는 것을 세상에 알릴 수 있는 수단이며, 자신을 실존적 존재자로서 사랑할 때는 그 대상이 되기도 한다. 몸은 자기 발견의 과정이자 목적이 된다.

이처럼 몸은 사회적 관계를 표현하는 장소가 되기도 하지만 사회적 차별을 구속하고 강화하는 장소가 되기도 한다. 연령, 학력, 부의 소유 정도 등에 따라서 차별화를 강요당하는 공간이기도 하다. 졸업여행을 인솔하면서 대전 유성의 모 클럽을 찾은 적이 있는데, 클럽의 종업원에게서 입장을 하지 못한다는 황당한(?) 말을 들은 적이 있었다. 그 이유를 물으니 그는 내가 출입 가능한 연령이 넘었다고 했다. 세월의 무게인 연령을 고스란히 담고 있는 장치인 몸은 그 나이로 인하여 차별을 받는다.

페미니스트들은 여성의 매춘을 성의 노예화로 보지만 매춘 여성들은 성의 노동이라 주장하는데, 그 입장이 어떻든지 간에 매춘은 몸을 매개로 이루어지는 행위이다. 그리고 그들이 몸을 사고파는 일에 종사한다는

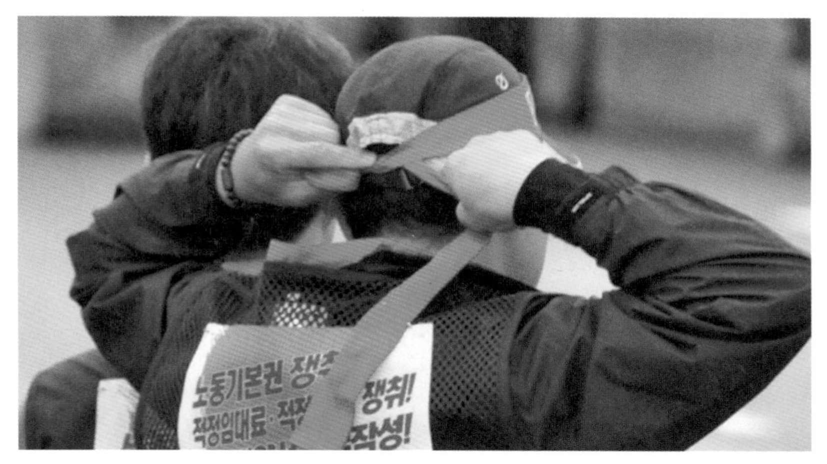

몸은 자기표현의 장소이다.

이유로 사회적 차별을 받는 약자에 속함은 분명하다. 하지만 때에 따라서 몸은 그 차별에 저항하는 장소가 되기도 한다. 몸을 통하여 자신의 주장을 펼치고, 사회적 편견이나 불평등의 모순을 드러내기도 하고, 그 사회의 지배 권력과의 아름다운 불화를 펼치기도 한다. 검은 X표를 한 마스크를 쓰고서 침묵시위를 하는 데는 몸의 일부인 입이 필요하다. 오체투지를 통하여 부처의 가르침을 깨우치기도 하고, 스님과 신부가 함께 힘든 삼보일배를 통하여 환경 보호 운동을 펼치기도 한다. 이들은 몸이라는 장소에 자기의 이념과 사상 등을 담아서 세상에 차별을 알리고 개선한다. 사람들은 그 차별로부터 자유롭기 위하여 부단히 몸부림을 치면서 그 차별을 몸으로 표출한다. 이때 몸은 표현의 수단으로서 기꺼이 자신을 내준다. 심지어 사람들은 차별을 철폐하기 위하여 자신의 사랑하는 몸을 죽이기까지 한다. 노동자들의 열악한 삶을 개선하기 위하여 몸을 바치고, 이 땅에 민주화를 실현하기 위하여 죽음을 택하기도 하였다.

몸은 시대에 따라서 새로운 관점이 생기고, 이에 따른 해석도 달라지는 담지체이다. 현대 사회에서는, 특히 부유한 사회에서는 몸을 "정태적이라기보다는 다루어야 할 역동적인 대상"이자 "생성(becoming)의 과정 중에 있는 실체, 즉 '개인' 자아 정체성의 일부로서 수행되고 성취되어야 할 '프로젝트'로 파악하는 경향이 있다."(질 발렌타인, 박경환 역, 2009: 52) 이를 몸 프로젝트라 한다. 이런 맥락에서 몸은 자아의 상징이고 공적 표현의 대상이자 소유자의 책임이며 주체의 분신이 되어 자아 표현의 대상이 된다. 몸 프로젝트의 예는 몸 드러내기, 몸 만들기, 성형 수술 등이다.

몸 드러내기의 대표적인 사례는 '성적으로 자신감이 넘치는 여성의 자기표현을 말해 주는 문화적 아이콘'(홍덕선·박규현, 2009: 40)이 된 마돈나이다. 흔히 말하는 보디빌더로서 헬스장에서 남자들이 왕王 자 복근이나 초콜릿 복근을 만드는 노력도 이에 속한다. 성형 수술은 몸의 기능상의 문제를 해결하거나 수정하여 정상으로 만들기 위한 수술이다. 장소로서의 몸에서는 성형 수술 중에서도 미용 수술에 대해서 관심을 갖는다.

> 미용수술은 … 젊음과 여성다움 및 남성다움에 대한 특정한 미의식에 따라 몸을 개조하는 수술이다. … 미용수술의 기준이 되는 미의식은 사회가 요구하는 미의식의 산물이다. 또한 미용수술에 의한 외모의 변화로 자신의 자아 정체성을 새롭게 갖게 되는 것도 타자의 시선에 의한 기준이라는 점에서 사회성을 갖는다. (홍덕선·박규현, 2009: 420-421)

몸을 개조하는 것 중에서 문신, 피어싱, 이물질 삽입하기 등은 하위문화에 속해 있다. 어떤 방식을 택하든지 간에 몸 프로젝트는 자아 정체성을 바탕으로 한 강한 자기표현의 방식임에는 틀림없다.

장소로서의 몸은 일정한 반경의 공간을 소유한다. 몸이 소유하는 공간의 범위는 팔다리를 몸으로부터 가장 멀리 펼칠 수 있는 곳까지이다. 아마도 양팔을 최대한 벌려서 확보할 수 있는 공간의 범위가 몸의 지배 공간일 것이다. 이 범위의 몸이 배타적 공간 지배권을 얻을 수 있는 최대 범위이다. 그래서 몸은 사회 구성원들로부터 배타성을 지닌 장소이다. 또한 몸이 지배할 수 있는 가장 좁은 공간 범위는 피부이다. 피부는 몸의 최후 방어선이라고 할 수 있다. 몸이 차지할 수 있는 공간은 사람마다 다르다. 우리는 몸이 차지하는 수직적 공간보다는 수평적 공간에 보다 민감한 반응을 한다. 비행기의 일반석을 타 본 사람들은 이 점을 실감할 수 있다. 몸집이 큰 사람은 상대적으로 넓은 면적의 장소를 차지한다. 넓은 장소를 차지하는 사람은 공간의 한계가 있기에 더 불편하고, 때로는 더 비용을 지불하기도 한다. 예를 들어, 매장 면적이 한정되어 있는 패스트푸드점들은 의자나 탁자를 작게 만들어 사람들을 불편하게 한다. 뚱뚱한 사람은 마른 사람보다 더욱 불편을 겪는다. 손님들을 불편하게 만들어서 그들이 가게를 차지하는 시간을 줄이고, 이러한 방법을 통하여 가게의 회전율을 높여서 높은 이윤을 창출하려는 것이다.

사람들의 몸은 배타적 공간을 유지하면서 자신만의 프라이버시를 보장받고 싶어한다. 즉 "모든 사람은 자연적-필연적으로 자기 몸과 그것을 보호하기 위해 필요한 것을 방어하고자 한다."(이진우, 2009: 148) 그래서 사람들은 자기 몸 가까이에 타인이 접근할 때, 몸을 긴장하고 경계를 한다. 때로는 방어를 하거나 공격을 하기도 하고, 무장을 하며 몸을 써서 부딪치기도 하고, 회피하기도 한다. 이런 기제를 통하여 몸은 자신들의 배타적인 활동 영역을 가지고 싶어한다. 하지만 몸의 배타적 공간의 물리적 범위가 항상 확보되는 것은 아니다. 출퇴근길에 대중교통인 만원 버스나 지하철을 타 본 사람들은 몸의 배타적 지배 공간이 침해되기 일쑤이다. 특히 더운 여름, 누군가 나의 몸 가까이에 다가서면 불쾌감을 갖게 된다. 그리고 나의 배타적인 몸의 공간인 프라이버시 공간을 누군가가 침범하면 개인적인 동시에 사회적인 문제가 발생한다. 다시 말하여 몸의 배타적 공간을 넘어서면 개인의 사생활을 침범할 수 있고, 강제적으로 침범하면 성범죄를 낳을 수 있다. 특히 "청하지 않은 접촉은 분명한 제압 행위이다. 그것은 인격 전체를 구속한다."(이진우, 2009: 137)

몸은 배타적 공간이자 장소이기도 하지만, 한편 공유의 장소이기도 하다. 당사자가 접촉의 경계권을 허락하는 경우에는 공유의 장소가 된다. 이 경우에는 타자의 몸에 대한 자신의 무장을 풀고 배타적 공간이 상호작용의 공간이 된다. 몸이 공유의 장소로 되는 경우는 특히 사적 공간에서이다. 사적 공간에서는 보다 은밀함과 비밀스러움이 보장되고 친숙함을 잘 드러낼 수 있기 때문이다. 몸이 공유의 장소가 되는 대표적인 사례는 포옹, 입맞춤, 성관계 등이다. 사랑하는 사람들은 몸의 경계를 풀어서 몸을 공유한다. 프랑스 파리의 로댕 박물관에 전시되어 있는 로댕의 '키스Kiss'라는 조각상은 배타적 공간을 지키려는 본능을 지닌 몸이 어떻게 경계를 해제하여 몸을 공유하는지를 아름답게 보여 준다.

그리고 사람들은 스포츠와 같이 부딪침을 통하여 몸을 공유하기도 한

키스는 적극적인 몸의 공유이다.

다. 몸과 몸을 잡고서 경기를 하는 투기 종목이 있고, 한 팀은 몸의 부딪침을 피하려 하지만 다른 팀은 몸의 접촉을 통하여 막으려는 축구나 럭비 등의 종목도 있다. 이들은 인간의 속성인 경쟁을 통하여 몸을 공유하려 한다.

몸의 경계를 푸는 것은 심리적 요인과 문화적 요인의 영향을 받기도 한다. 가정에서는 회사나 길거리 등의 공적 영역에서보다는 몸가짐을 편하게 할 수 있어서 속옷 차림으로 다녀도 크게 경계하지는 않는다. 사람들은 집의 안과 밖에서의 몸가짐이 크게 다르다. 또한 문화적 요인은 몸의 경계에 영향을 주기도 한다. 우리의 대중목욕탕 문화는 목욕탕에서 자신의 몸을 적나라하게 드러내면서도 심한 경계를 하지 않게 만든다. 목욕탕에서 몸의 신체적 접촉권까지 허용하는 것은 아니지만 근접한 정도의 물리적 접근이 가능하고 시각적 접촉권 역시 어느 정도 허용되고 있다. 처음에는 행여 누군가 나의 중요한 부분을 응시하지는 않을까 약간의 경계를 하기도 하지만, 그리고 좀 수줍어하기도 하지만 이내 무장을 해제하고 만다.

몸은 나를 중심으로 내부 지향과 외부 지향의 접점에 서서 자아와 사회의 가교 역할을 하는 장소이다. 몸에 나의 자아를 담아서 뿜어내기도 하며 사회의 가치관을 담아서 자아를 맞추어 내기도 한다. 자아가 지닌 사

몸은 나다.

상과 사고를 보다 많이 표현하고 드러내고자 한다면, 몸은 자기표현의 적극적인 장소가 되며, 사회의 가치관에 중심을 두어 타자를 많이 고려하면 몸은 자기 적응의 장소가 된다. 그 경우가 어떻든지 간에, 몸은 자아를 중심으로 세상과 사회를 담아내는 장소임에는 틀림없다.

오늘도 하루를 시작하면서 나는 몸을 움직여서 세상 속으로 나간다. 그리고 온몸으로 세상의 변화를 직면한다. 몸은 내가 세상을 보는 창이자 세상을 받아들이는 문이다. "몸이 가는데 마음이 가나?" 아니면 "마음이 가는데 몸이 가나?"라고 나의 몸에게 물어 볼까?

3

타인과 함께 나누는 장소

공원

따로 그리고 같이 노니는 장소

해외여행을 할 때 즐겨 찾는 곳 중의 하나가 공원이다. 이름만 대면 금방 알 수 있는 미국 뉴욕의 센트럴 파크, 뉴질랜드 크라이스트처치의 해글리 파크, 영국 런던의 하이드 파크, 오스트레일리아 시드니의 센테니얼 파크, 프랑스 파리의 블로뉴 숲 등이 대표적인 공원이다. 외국처럼 거대 도시에 존재하는 대형 공원은 없지만, 나의 생활 주변에도 한눈에 휙 둘러볼 수 있을 정도의 규모를 지닌 공원들이 있다. 나의 곁에 그리고 조금 멀리 자리하고 있는 공원은 일상의 장소임에 틀림없다. 그렇지만 매일 일삼아서 이곳을 찾기란 쉽지 않다. 일상적으로 찾아지지는 않아도 공원은 나의 시선이 머무는 곳이다.

공원의 사전적 정의는 '국가나 지방 공공단체가 공중의 보건·휴양·놀이 따위를 위하여 마련한 정원, 유원지, 동산 등의 사회 시설'이다. 즉 공

뉴질랜드 크라이스트처치의 해글리 파크

원은 기본적으로 불특정 다수를 위한 사회적 공공재이다. 이러한 공원은 정원과 대비되는 개념이다. 공원이 공적 공간인 반면, 정원은 사적 공간이다. 정원은 도시화가 진행되면서 주택이나 건물을 중심으로 그 안이나 밖에 있는 부속적인 존재이며, 그 규모도 공원에 비해서 매우 작다. 공원이 다수를 위한 장소라면, 정원은 주인이나 소수를 위한 장소인 것이다. 공원은 다수를 위한 공공재이기에 가능한 다수의 사람들이 이용하기 쉽고 접근하기 쉬운 곳에 자리하고 있다.

공원은 대체로 도시에 입지한다. 도시가 "환경 생태계의 공익성에 대한 인식이 점차 확산되면서 자연환경에 가까운 공원을 요구하고"(홍성용, 2008: 220-221) 있기 때문이다. 이런 공원은 "빡빡한 일상의 도시를 위한 여백 공간인 셈"(홍성용, 2008: 221)이자 인공 경관으로 가득 찬 도시에 자연의 풍경을 보존하고 있는 곳이다. 그래서 우리의 일상에서 공원이 차지하는 비중은 도시의 삶의 질을 결정하는데 중요한 인자가 되고 있다. 도시에는 대공원, 근린 공원, 소공원 등이 그 규모를 달리해서 다양하게 존재한다. 그 이름이 무엇이든지 간에, 공원이 도시민들에게 삶의 휴식처를 제공하는 점은 분명하다. 공원은 그 역사가 서구 근대화의 과정에서 주로 형성되었기 때문에 도시 외곽에 입지하는 경향이 있다. 서구의 공원이 현재 도심에 존재하더라도 과거에는 그곳이 그 도시의 외곽이었음을 반증한다.

공원에는 사람들이 있다. 공원에 오는 사람들은 혼자 오는 경우가 드물다. 보통 누군가와 함께 온다. 그 누군가를 찾지 못한 사람은 개를 동반하기도 한다. 사람들이 공원에 그 누군가를 대동한다면 연인, 친구, 가족, 동료, 여행객 등일 게다. 혼자 온 사람들이 처지가 비슷한 경우에는 동병상련이 발동되어 함께 대화를 하기도 한다. 공원에 온 사람들은 서둘지 않고 천천히 거닌다. 그들은 가능한 한 여유를 가지고서 걷는다. 함께 동행한 사람과 대화를 나누기도 하고, 놀이도 하고, 주변의 풍광을 두리번거리기도 한다.

주기週期에 따라서 공원에서의 삶의 양태가 다르게 나타나기도 한다. 주중에는 상대적으로 노인들이 많고, 주말에는 가족이나 연인들이 많이 보인다. 하루의 소일을 찾는 노인들은 공원의 한쪽 구석을 차지하고서 장기나 바둑을 둔다. 무료한 시간을 달래는 듯한 인상이다. 반면 주말에는 가족 나들이객이나 추억을 공유하고자 하는 연인들이 많이 보인다.

공원에서의 놀이 모습

그들은 다정한 모습으로 공원을 산책한다.

공원 내에는 많은 사람들이 존재하지만, 함께 온 사람들과는 친밀감을 유지하는 반면, 모르는 사람과는 서로 독자적인 존재임을 드러낸다. 친함을 동반하는 사람끼리는 면대면 접촉이 많지만, 남남은 서로를 철저하게 독립적인 개체로 인식한다. 그래서 공원은 군중 속의 일체감과 이질감이 공존하는 장소이다. 잘 모르는 남에게는 독립적인 배타성을 유지하면서, 함께 온 사람들끼리는 상호 밀접하게 삶을 공유하는 이중적 태도가 존재하는 곳이다. 다음 글은 이런 현상을 잘 보여 주고 있다.

> … 다양한 사람들이 열린 공간에 같이 있지만, 그 안에서 자기들만의 보이지 않는 독립된 공간을 갖고 있다. 그 속에서 웃고, 대화하고, 생각하고, 고민하고, 누군가를 기다린다. 한편으로는 1m도 되지 않는 바로 옆에 있어도 다른 이들에게는 눈길 한 번 안 주는 무관심을 체감할 수 있는 삭막한 장소이기도 하다. 독립된 치유의 공간이자, 같이 있어도 서로서로 소외된 이중의 공간, 공원의 패러독스였다. (한겨레신문, 2011년 10월 20일, 34면)

공원의 경관은 그 시대의 지배 담론을 지니고 있다. 이 점은 공원의 출발점을 살펴보면 쉽게 알 수 있다. 공원은 그 출발부터 계급성에 바탕을 두고서 출현하였다. 그리고 "항상 잔디밭과 나무가 있는 녹색의 오픈 스페이스와 같은 것을 연상시킨다. 19세기 초 유럽의 시민 공원 운동 이전에는 녹색의 오픈 스페이스가 귀족의 자산이었다. 대중은 아주 드물게 초대될 뿐이었다. 이 단어에 관한 중세 영어의 정의는 이 땅이 사냥터로 쓰이기 위해"(줄리아 처나악 · 조지 하그리브스, 배정한 · idla 역, 2010: 30) 만들어지는 경우가 많았음을 보여 준다. 서구 공원에서 자주 볼 수 있는 공원의 잔디, 숲, 나무, 넓은 평지 등의 경관은 공원의 자연성을 담보해 주는 요소이지만, 그 출발은 귀족의 지배 권력의 소산이다. 이런 지배 권력의 전유물인 공원을 시민의 터전으로 전환하는데는 많은 사람들의 희생이 요구되었다.

이런 변화의 결과를 잘 보여 주는 것이 쇠라의 그림 '그랑드자트섬의 일요일 오후'이다. 이 그림은 19세기 후반 유럽의 공원 모습을 보여 주기에 충분하다. 센강 변의 풍경 좋은 이 섬에는 여러 사람들이 등장한다. 옷으로만 표현된 유모, 모자와 지팡이를 든 전형적인 부르주아지 남자들, 원숭이와 검은 개와 함께 한 창녀, 원피스를 입은 아이와 엄마 등 여러 계층에 속한 인물들이 그려져 있다. 쇠라는 공원에 대한 귀족들의 철저한 진입 장벽을 헐고서 하류층의 사람들이 공원에서 버젓이 쉼을 즐기고 있는 과정을 보여 주었다. 공원은 신분의 벽을 극복하고서 대중의 자산이 되기까지 귀족의 지배 이데올로기를 극복하기 위한 시대적 담론을 지니고 있는 장소이다.

우리 사회의 공원은 근대적 소산이다. 서구의 공원 개념이 개화기 이후 한반도에 들어온 뒤, 공원은 우리 도시 사회의 한 단면을 이루었다. 공원은 도심의 빌딩이나 주택에서 구별되는 장소에 위치하고 있다. 그 구별된 곳은 구별된 사람들이 찾는다. 근대화 과정에서 공원은 시골 나부랭이보다는 도시의 신여성이나 점잖은 신사들이 찾는 곳이었다. 그들이 다소 점잖게 예의를 갖추면서 기품 있고 여유롭게 노니는 곳이 되었다. 떠들거나 뛰거나 하는 등의 행위가 타인을 배려하지 않는 행위여서 질시를 받는 것이 아니라, 교양이 없는 사람들의 행태이기 때문에 지탄을 받았다. 그래서 공원은 교양을 지닌 중산층의 전유물로서 그 역할을 하기도 하였다.

한편, 공원은 사회적 갈등의 장소가 되기도 한다. 공원에서는 사회적 약자와 공원 관리 당국과의 마찰로 갈등이 일어날 때가 있다. 이 갈등은 낮과 밤에 공원의 지배자가 서로 다른 데서 기인한다. 낮의 공원이 점잖은 교양 있는 자들이 지배를 하는 곳이라면, 밤의 공원은 사회적 일탈자인 불량배, 집이 없는 노숙자 등이 지배하는 곳이다. 이런 현상은 치안 조건이 좋지 않은 국가에서 보다 빈번하게 나타난다.

서구 사회에서 노숙자는 공원의 골치 아픈 존재이다. 그들에게 있어서 밤의 공원은 참으로 넓은 주택이다. 녹색의 잔디를 카펫 삼고, 하늘의 별을 보고서 잠을 청할 수 있는 곳이기 때문이다. 이곳은 지하상가나 지하보도보다 훨씬 편하고 안락한 잠자리를 제공해 준다. 하지만 이들이 지배하는 밤의 공원은 무질서하며 무섭고 불법이라는 일탈의 장소가 될 수 있다. 그래서 도시 공원을 관리하는 시 당국은 이들을 공원에서 불편하게 하여 다른 곳으로 몰아내려 한다. 그 방편으로 등장한 것이 태양도 잠이 드는 오밤중에 스프링클러를 일정한 시차를 두고서 틀어대는 행위이다. 촉촉하게 젖은 잔디에는 드러눕기가 부담스럽다. 행여 이를 모르고 잔디밭에 누워서 잠이라도 청할 경우에는 아닌 밤중에 날벼락 맞는 신세가 되고 만다. 그렇다고 갈 곳이 없는 자들은 공원 관리국의 정책에 물러설 수도 없다. 그래서 이들은 다양한 방식으로 당국에 저항을 한다. 그런 대표적인 사례가 미국 샌프란시스코의 골든게이트 파크 Golden Gate Park 이다.

시 당국은 공원에서 일어나는 약물 복용과 장물 매매 등의 불법 행위, 쓰레기, 수목 훼손 등에 대해 불만을 제기했다. 공원 관리국이 한밤중에 스프링클러가 작동되도록 프로그래밍하여 야간 통금을 강제적으로 시행하려 하자 스프링클러 헤드가 모두 파괴되었다. 1997년 11월 방화범들이 공원에 엄청난 불을 질러서 진화 작업에 소방관 70명과 소방차 12대가 동원되

자, 말 그대로 갈등이 화염 속에서 폭발했다. 윌리 브라운 Willie Brown 시장은 이에 대한 보복으로 노숙 야영지의 폐쇄를 지시했다.

(줄리아 처나악 · 조지 하그리브스 , 배정한 · idla 역, 2010: 225)

공원은 지배와 피지배, 교양과 비교양, 중상류와 하류층 등의 다양한 사회 지형을 담고 있는 곳이다. 그로 인하여 서로 다른 계층 간의 갈등도 함께 존재하는 장소가 되고 있다.

공원에는 각종 지시가 존재한다. 잔디밭 출입금지, 도로의 표지판, 정해진 길, 울타리, 금연 구역 등은 공원을 찾는 사람들에게 직간접적인 지시와 행동 제약을 준다. 이런 면에서 공원은 정치적인 통제의 공간이다. 물론 공원 밖의 사회적 통제에 비해서는 매우 낮은 수준의 통제로서 최소한의 지배 질서만이 존재한다. 이는 공원을 이용하는 사람들의 기본적인 자율성과 자정 능력을 더 우선시하고 있기 때문이다. 자신들의 일상으로부터 탈출하거나 쉼을 얻고자 찾은 공원인데 나와 상관없는 자나 기관이 나의 행동과 사고를 제약하거나 통제하고 있는 것이다. 자연스럽게 이 통제를 받아들이면 일정한 범주나 틀 안에서 휴식을 얻을 수 있다. 또한 이 통제를 넘어서 스스로의 절제를 지닌 사람들의 조심이나 배려가 독립적인 존재들의 삶과 휴식을 보장해 줄 수 있을 것이다.

공원에는 쉼을 얻기 위해서 많은 사람들이 방문한다. 저마다 서로 다른 군상의 모습을 하고서 공원을 찾는다. 공원을 찾는 목적은 사람마다 다르지만, 공원에는 사람들을 지배하는 질서가 있다. 그 질서를 지키고자 하는 측과 그 질서로 구속받고 싶지 않은 측의 갈등이 상존하는 곳이 공원이다. 그것은 공원이 공공재라는 사회적 공기公器이기 때문이다. 공원은 다양한 사회적 지형을 담은 존재들이 넘쳐나고 있으며, 보이는 보이지 않는 지배 권력의 힘이 작용한다. 그 장소에서 지배 권력에 버텨 보면서 나의 자유의지대로 맘껏 쉬고 싶다. 공원에서 나의 쉼을 방해할 권리는 아무도 없다. 그곳에서 유유자적하면서 나를 확인하고 싶다.

공항

일상으로부터 일탈을 꿈꾸는 장소

> 여행은 생각의 산파다. 움직이는 비행기나 배나 기차보다 내적인 대화를 쉽게 이끌어 내는 장소는 찾기 힘들다. 우리 눈앞에 보이는 것과 우리 머릿속에서 떠오르는 생각 사이에는 기묘하다고 말할 수 있는 상관관계가 있다. 때때로 큰 생각은 큰 광경을 요구하고, 새로운 생각은 새로운 장소를 요구한다.
>
> – 알랭 드 보통, 『여행의 기술』

'여행이 생각의 산파'인지 혹은 '생각이 여행의 산파'인지는 모르겠지만 여행은 늘 가슴을 설레게 한다. 나에게 여행은 살아 있음의 또 다른 증거이다. 여름 방학을 맞이하자마자 학생들이 저마다의 해외여행길에 나서면서 인사를 건넨다. 그들의 인사에 "어디로 가냐?"라고 묻곤 하지만, 알랭 드 보통의 『여행의 기술』에 나와 있는 것처럼, '그곳에 가야 하는 이유와 가는 방법'에 대한 이야기를 듣는 경우는 많지 않다. 그들은 해외여행을 대학 시절에 한 번은 떠나고 다녀와야 하는 숙제처럼 여기는 듯하다. 그래도 좋다. 그들이 어디로 가든, 떠나는 이유가 무엇이든 간에 여행은 그들의 마음을 설렘으로 가득하게 할 것이기 때문이다. 올 여름 방학, 여행을 떠나기 위하여 공항으로 앞다투어 향할 그들의 모습을 상상하는 것만으로도 나는 행복하다. 나도 일상으로부터 일탈을 시작하는 곳인 공항에 설레는 마음으로 다가가고 싶다.

공항은 떠남과 만남의 장소이다. 사람들은 저마다의 목적지로 향하기 위해 공항으로 모여든다. 곳곳에서 살고 있는 사람들이 어디론가 떠나기 위해 먼 길을 마다하지 않고서 몰려든다. 보통 공항은 삶의 장소에서 분리된 곳, 즉 주거지로부터 멀리 떨어진 곳에 위치하고 있다. 그래서 접근성이 매우 낮다. 그렇기에 문전연결성門前連結性도 낮다. 그래도 공항에는 떠남이 있기에, 사람들은 떠나는 이의 증표인 여권과 항공권을 쥐고서 멀리 떨어져 있는 공항까지 가야 하는 번거로움을 기꺼이 감당한다. 또한 공항은 새로운 사람과 장소를 만나게 해 주는 곳이다. 공항을 통하여 떠난 사람도 공항을 통하여 어딘가에 도착한다. 도착은 삶터로의 회귀를 주거나 새로운 경험을 만나게 한다. 그래서 공항은 모여서 흩어지고 흩어졌다가 모이는 장소이며, 그 장소는 드나듦의 축이다.

공항은 계급 구조가 분명히 드러나는 곳이다. 자본의 질서가 철저하게 존중되는 곳인 것이다. 그 자본은 비행기를 이용하는 대가이다. 일반석economy class, 이등석business class, 일등석first class 등으로 구분되는 비행기 좌석에 따라서 사람들에 대한 대접도 달라진다. 공항의 대합실은 탑승 수속을 밟는 사람들로 분주하다. 일반석 승객은 긴 줄을 늘어서서 탑승 수속을 밟는 귀찮은 일을 감내해야 한다. 그러나 일등석 승객은 따로 줄을 선다. 전용 창구가 없는 경우에는 일반석 승객보다 먼저 탑승 수속을 한다. 이 원칙은 비행기를 타고 내릴 때도 적용된다.

공항에서 자본의 차별을 가장 크게 느낄 수 있는 곳은 라운지이다. 일반석 승객들은 장의자나 바닥 혹은 창가에 걸터앉아서 탑승 시간까지 대

인천국제공항의 모습과 비행기들

기한다. 반면에 비싼 비용을 지불한 이등석이나 일등석 승객은 그들만의 전용 라운지를 이용할 수 있다. 이곳은 편안한 의자, 과분한 서비스와 편의시설을 갖추고 있어서 돈의 위력을 실감할 수 있는 장소이다. 공항을 경영하는 자본가들은 지불 대가에 따라서 사람들을 차별화시켜서 불필요한 우월감을 가지게 하거나, 계층을 구분하여 경제적 이익을 창출한다. 공항 내 서비스라는 이름으로 시행되는 차별화 정책으로 공항은 그 사용이 구별되는 곳이다. 그리고 그 구별은 자본으로부터 나온다.

또한 공항은 내리는 사람보다는 타려는 사람을 중심으로 운영되는 곳이다. 떠나는 사람 중심이라 해도 과언이 아니다. 이유는 공항에 머무는 시간 때문이다. 떠나는 사람은 출국 수속부터 비행기에 탑승하기까지 공항에 머무는 시간이 길다. 이 시간 동안에 사람들은 환전을 하고 물건을 사고 인터넷을 하며 시간을 보낸다. 즉, 다양한 소비 활동이 가능한 시간이다. 공항의 관리자는 이 틈새를 노리고서 고객의 동선에 맞게 면세점과 상점 등을 위치시켜 소비 행위를 적극적으로 유도하고 있다.

공항은 국가 공권력과 개인의 인권이 충돌하는 장소이다. 공항 검색대에서는 관련 종사자들이 사람들을 검색한다. 여권을 검사하고, 출국 스탬프를 받고, 수하물과 소지품을 엑스레이 투시로 검사하는 등의 일은 감내할 만하다. 하지만 신발을 벗고 허리띠를 풀어야 하는 일은 자존심을 상하게 한다. 심지어 알몸 투시기까지 공항에 비치하는 일은 인권을 침해하고도 남는다. 국가 공권력 앞에서 개인이 참으로 나약해질 수밖에 없는 공간이 공항 검색 지대이다. 여기서는 개인과 국가의 가치가 서로 상충한다. 9.11 테러 이후 강화되고 있는 미국 공항의 검색 강화는 개인의 인권 보호와는 반비례한다. 공항에서 국가 공권력의 극대화, 즉 개인 인권의 최소화로 테러분자들을 전멸시킬 수 있을 거라는 생각이 들지는 않는다. 여전히 공항의 검색대를 통과할 때면 나의 인권이 침해되고 있다는 생각이 드는 것은 어쩔 수 없다. 국가 안위를 위하여 나의 인권이 어느 정도까지 침해받아야 하는지 생각하게 만든다.

공항은 갇힘과 열림이 공존하는 장소이다. 공항에 도착해서 출국을 위한 수속이 끝났음을 의미하는 스탬프를 여권에 받는 즉시 사람들은 갇힘의 공간으로 들어간다. 사람들은 그 갇힌 공간에서 탑승 시간을 기다린다. 유리창 밖에서 대기하고 있는 비행기에 오르는 일 또한 갇힌 공간에서 좀 더 갇힌 공간으로의 이동일 뿐이다. 갇힌 공간은 자유로이 드나들 수 없는 공간을 말한다. 즉, 사람들의 통행권이 제약되는 것이다. 하지만 이것은 사람들의 자발적인 갇힘이다. 더 넓은 세계로의 나감을 위하여 일시적인 제약을 받아들인 결과이다. 때로는 그 갇힘의 공간이 상대적으로 클 경우에 혹은 갇힘의 시간이 짧을 경우에는 갇혔다는 사실을 잊기도 한다. 하지만 공항 대기실에서 긴 시간을 기다려야 한다면 사람들은 그 갇힘을 인식할 것이다.

공항 내 갇힘의 공간 중에 백미는 흡연실이다. 공항의 흡연실은 흡연자들이 끽연을 하기 위하여 자발적으로 갇히는 공간이다. 담배를 피운다는 이유로 자신을 공간에서 격리시킨다는 것에 불쾌감을 드러내면서 이곳에 들어가지 않는 애연가들도 있지만, 대부분 흡연자들은 그 자존감을 버리고 그곳으로 빨려 들어간다. 그들은 갇힌 공간의 자욱한 담배 연기 속에서 삶의 활력을 느낄지도 모르겠다. 혹은 긴 비행 시간 동안 흡연을

공항의 흡연실

못할 것을 고려해서 미리 담배를 피워 두는지도 모르겠다. 어느 쪽이든 이들은 혐연권嫌煙權을 주장하는 사람들에게 밀려서 흡연권에 관한 자기 주장을 할 처지도 못되기에 갇힌 공간에서 담배를 핀다. 흡연자가 공항에서 소수자라 할지라도 그를 보호할 근거는 없다. 담배가 건강에 해롭다는 점이 분명하기에 공항에서 흡연실 수는 더욱 줄어들 수도 있다. 몸에 좋지도 않은 행위를 하는데, 굳이 국가가 나서서 담배를 피울 공간을 많이 만들어 줄 필요가 없기 때문이다. 오히려 공항에서 갇힘 공간의 대명사격인 흡연실을 보다 불편하게 하여 그곳으로 들어가는 사람들의 수를 줄일 정책을 펼 수도 있다. 그래서 대부분 공항에서의 흡연실은 탑승구에서 먼 곳, 좁은 곳 그리고 덜 세련된 곳으로 옮겨지고 있다. 건강에의 유해 정도를 떠나서 스스로 갇힘의 공간에서 삶의 기쁨을 누리는 사람이 있는 곳이 공항이다.

공항에서의 갇힘의 공간은 비행기를 갈아타는 곳에도 있다. 비행기의 항공료는 타고 있는 사람마다 다 다르다는 말이 있다. 특히 항공료를 아끼고자 하는 사람은 시간을 투자한다. 즉, 비행기를 여러 번 갈아탐으로써 시간을 소비하는 대신에 저렴한 항공료를 지불할 수 있다. 갈아타는 횟수가 많을수록 항공료는 더욱 싸진다. 사람들이 공항에서 비행기를 갈아타는 경우에 '갈아타는 곳 transfer'이라는 안내 표시를 따라서 이동한다. 사람들은 밖으로 나갈 수 없는 폐쇄적인 이동로를 따라간다. 이 이동로는 갇힌 공간의 기다란 연장이라고 말할 수 있다.

닫힌 공간은 타자에 의한 공간이다. 그 공간이나 장소 안에서는 우리의 자율성이 제약을 받는다. 그러기에 닫힌 공간은 곧 갇힌 공간이다. 그러나 자발적 타율이거나 공권력의 통제를 수용하기에 사람들은 이 닫힌 공간에서 버틸 수 있다. 아마도 그것은 새로운 출발을 기대하기에 그럴 것이다. 새로운 출발은 곧 열림의 공간으로의 초대이다. 갇힘이 있더라도 열림이 기다리고 있기에 갇힌 공간에서도 인내할 수 있다. 이런 면에서 보면, 공항은 큰 밀실의 공간이자 개인의 광장을 꿈꾸는 장소이다.

그리고 공항은 국가의 문화 정체성을 압축 파일로 보여 주는 장소이다. 사람들은 공항을 통하여 다양한 나라의 국경을 넘나든다. 그 넘나듦의 최전선인 공항은 짧은 체류에도 그 국가의 문화를 이해할 수 있도록 하는 문화 의미체이다. 공항의 문화 코드 중 대표적인 것은 바로 문자이다. 공항에는 많은 문화 기호들이 존재하는데, 문자는 공항을 이용하는 사람들을 안내해 준다. 그 안내를 담은 안내판에는 미학적 요소뿐만 아니라 국가 문자를 이용해 문화적 우월성을 보여 주기도 한다. 안내판에는 자국의 문자를 더 크게 맨 위에 표기하고 영어 표기 등을 병기한다. 그러기에 "공항의 안내판은 디자이너가 의도한 것보다 훨씬 더 많은 것을 이야기해 줄 수 있다. 심지어 그것을 만든 나라에 대한 이야기를 줄 수도 있다."(알랭 드 보통, 2011: 94) 외래어와 외국어가 범람하기도 하지만, 여전히 자국의 문자로 표기된 안내판을 만나는 것은 본능적 편안함을 가져다준다. 공항이 다문화를 지향하고 있긴 하지만 자국 문화를 우선순위에 두는 것은 지극히 자연스러운 일이다. 또한 공항의 입국자 대합실, 출구, 환승 수속 창구 등으로 가는 안내판이 "나에게 진정한 기쁨을 준다면, 그것은 한편으로는 내가 다른 곳에 도착했다는 첫 번째 결정적인 증거를 제공하기 때문이다."(알랭 드 보통, 2011: 95) 타국의 공항에서 만나는 타국의 문자로 된 안내판은 낯선 곳에 대한 긴장감뿐만 아니라 새로운 곳으로의 공간 이동에 대한 기쁨을 함께 전해 준다. 조금 불편하긴 하더라도 공항의 낯선 안내판은 다른 국가의 문화를 접하는 첫 대상임에 틀림없다. 그것을 통하여 그 나라의 문화를 조금이라도 이해할 수 있길 기대해 본다.

공항은 사람과 물자가 소통하는 곳이다. 그렇기 때문에 저마다 목적과 계층과 국적과 인종이 다른 사람들로 붐빈다. 세계화로 세계가 좁아지면서 사람의 이동도 증가한다. 사람들은 일, 공부, 관광, 방문 등의 다양한 목적을 가지고서 공항을 오간다. 그 모습이 무엇이든지 간에 공항은 다양성을 가진 곳임에 틀림없다. 그리고 사람과 물자는 문화를 담아서 오간다. 사람들은 문화 정체성을 지니고 있는 존재이기에 자신들의 문화와 전통을 소유하고 있다. 소유한 문화와 전통에 따라서 공항 내에서의 행태도 각양각색이다. 그런 면에서 공항은 다국적이면서 다민족 문화 복합체이다. 공항에서 만나는 사람들이 지닌 여권의 다양한 색깔과 문양도 국가마다 다른 문화 정체성을 표현한다.

공항을 어느 의미로 보든, 나에게 공항은 설렘으로 다가오는 장소이다. 공항을 통하여 여행을 떠날 수 있다는 것만으로도 충분히 행복한 일이다. 공항은 그곳에서의 분주함과 지루함을 충분히 보상하고도 남을 새로운 광장, 즉 열린 공간으로 안내를 해 주는 곳이다. 반복적인 일상으로부터 벗어나서 아름다운 여행으로 안내를 하며, 다시 그 아름다운 여행을 마치고서 일상으로의 복귀를 가져다주는 곳이다. 여행이 아름다운 것은 다시 돌아올 수 있는 일상이 있기 때문이다. 올 여름, 일상으로부터 일탈을 주는 곳인 공항으로 가고 싶다. 그리고 그 공항을 통하여 일상으로 복귀하고 싶다.

길

타자의 세계로 나를 이끄는 장소

아침에 출근길을 나선다. 승용차를 타고서 집을 나서자마자 횡단보도가 나오고 신호등이 나를 기다린다. 삼거리에서 좌회전 신호를 받아서 시내 도로를 가로질러 학교에 도착한다. 점심을 먹으러 주변 식당까지 걸어서 간다. 그리고 학교 앞의 다리를 건넌 후에 2km 정도 걸어가서 서점에 들른다. 다시 학교로 돌아온 후 운동을 하기 위하여 남고산과 전주천의 인도를 걷는다. 저녁에는 출근하던 길을 반대 방향으로 해서 집으로 돌아간다. 저녁을 먹은 후에는 독서 모임에 가거나 지인들을 만나거나 한다. 그리고 다시 집으로 돌아와서 하루를 보낸다.

이런 일상에서 나는 집과 연구실을 나서는 순간 길 위에 놓여 있게 된다. 건물 밖으로 움직이는 순간부터, 길에서 자유로울 수 없다. 곧바로 가든 에둘러 가든, 길 위에 있게 된다. 그러나 길 위에 머물러 있지는 않는다. 길 위에 마냥 머물러 있으면, 그 사람은 할 일이 없거나 갈 곳이 없거나 왠지 이상하다는 오해를 받을 수 있다. 머무는 곳을 나서면, 우리는 길 위에 잠시 머물 수는 있지만 길을 따라서 어디론가 가야만 한다. 우리는 우리 자신을 길과 구분하여 살아갈 수가 없다.

길의 사전적 정의는 '사람·짐승·배·차·비행기 등이 오고 가는 공간'을 말한다. 길과 유사한 말로는 도로가 있다. 그것의 정의는 '사람이나 차가 다닐 수 있도록 만든 좀 넓은 길'이다. 거리라는 표현도 쓰고 있는데 이것은 길거리의 줄임말이다. 그래서 길과 거리와 길거리는 서로 혼용하여 사용되고 있다. 길은 그 용도의 주체에 따라서 차도와 인도, 위치에 따라서 육로와 해로와 항공로, 폭에 따라서 간선도로와 이면도로 등으로 분류될 수 있다.

길의 모습이 어떻든지 간에, 길은 소통이 주요 목적이다. 길은 장소와 장소를, 지점과 지점을, 집과 집을, 개인과 개인을 이어 주는 역할을 한다. 그리고 우리를 어디론가 안내해 주는 역할을 수행한다. 그래서 "길은 나와 세상 사이에 있다. 길은 고독한 점點에 머물던 나를 세상과 관계 맺게 해 주는 통로通路라고 할 수 있다. 집 대문을 열고 골목에서 나온 사람들이 속속 길에 합류하여, 그 흐름을 따라 흘러가고 돌아오는 풍경은 발원지에서부터 유역에 이르는 강의 흐름을 닮았다."(김병용, 2009: 6) 길은 곳곳에 존재하여 사람들을 세상 밖으로 안내해 준다. 그리고 길과 길은 서로 연계성을 가지고 있다. 그런 면에서 길은 하나의 네트워크, 즉 그물망이다. 길이 우리를 어디든지 이어 주기 위해서는 끊어짐이 없어야 한다. 세상을 촘촘히 엮어서 그 어디든지 이어 주는 역할을 한다. 길의 네트

자동차에서 본 길

워크는 지도에서 쉽게 찾아볼 수 있다. 그래서 지도를 잘 보는 사람은 길의 방향성을 잘 파악할 수 있다. 이런 사람은 길눈이 밝을 가능성이 높다.

길은 계층성을 가지고 있다. 큰길과 작은 길, 넓은 길과 좁은 길, 1차선과 2차선, 고속도로와 지방도로, 간선도로와 이면도로 등 다양한 표현으로 그 계층성을 담아낸다. 이중에서 가장 정량화된 계층성의 표현은 차선과 제한 속도이다. 차선의 수와 제한 속도를 알면, 도로의 폭과 계층성을 가늠할 수 있다. 길은 다른 길을 만나기 마련인데, 같은 방향의 길과 길이 만나면 그 길은 넓어지는 경향이 있다. 길이 넓어지지 않는 경우에는 병목 현상이 발생하여 길이 막히는 결과를 가져온다. 길과 길이 수직으로 교차하여 만나는 교차점은 사거리가 된다. 길들이 모인 사거리에는

길은 투쟁의 장소이다.

사람들이 모인다. 길이 넓어서 사람들이 모이기에 좋은 곳은 광장이 된다. 그래서 광장은 길의 변형 꼴이다.

길은 공적 공간이다. 길은 주인이 따로 없다. 주인이 없음은 곧 모두가 주인일 수 있고, 그 누구도 길을 독점할 수는 없음을 의미한다. 그래서 길을 누구나 향유할 수 있다. 사람들은 모두가 길의 주인이기에 길거리로 쏟아져 나오기도 한다. 또한 공적 공간이므로 4.19혁 명, 광주 민주화 운동, 6.10 항쟁 등과 같이 민주화를 외치거나 광우병 촛불시위를 할 때에도 사람들은 거리를 가득 채울 수 있었다. 공적 공간인 길거리에서의 민중들의 외침은 민의가 되어서 세상을 변혁시켰다. 이럴 때 길거리는 정치 현장이 된다.

공적 공간인 길에는 익명성이 존재한다. 다시 말하여 누구나 향유할 수 있는 공간이기에 수많은 타자들이 길에 응집하는 경향이 있다. 길 위의 타자들은 서로가 타자이기에 타인에 대해서 깊은 관심을 가지지 않는다. 이것은 사람들이 길 위에서 자유롭게 자기주장을 펼칠 수 있게 해 준다. 길을 정치적인 행위의 장소로 사용하는 사람들은 보통 상대적으로 권력으로부터 배제된 자들, 즉 사회적 약자, 노동자, 농민, 장애인, 학생, 지방인 등이다. 이들은 정치권력이 적거나 없어서 자신들을 조직화하여 정치적인 자기주장을 대중들에게 알리는 장치로 길거리를 활용한다.

때로는 공적 공간인 길이 차단되기도 한다. 정부의 정치권력은 치안이나 질서 유지 등의 명분으로 공권력을 동원하여 길을 가로막을 때가 있다. 그러나 그 속내는 정치권력이 없는 사람들의 자기주장이나 정치적 주장을 차단하기 위함이다. 정부는 2010년 11월 G20 정상회의가 열렸을 때 서울의 코엑스COEX 건물 주변의 길을 봉쇄했었다. 이 시기에 정부는 공적 공간인 길거리를 눈살을 찌푸리게 할 정도로 지나치게 차단하여 오히려 국격國格을 떨어뜨렸다. 국민의 인격과 자존감에 심한 상처를 주면서까지 길을 차단하는 것은 국민과의 소통을 가로막게 한다. 공권력을 통한 길의 독점이나 차단은 선진국이나 상류층의 지배 이익을 극대화시키는 반면, 무주택자, 노동자, 제3세계 국민들을 주변화시킨다. 이렇듯 길 위에서 지배 권력과 피지배 권력은 맞서 왔다. 그리고 이러한 행동을 통해 피지배층은 더디지만 끝내 세상을 변화시켜 왔다.

거리의 지나친 타자성은 폭력을 부를 수도 있다. 타인의 재산권을 침해하거나 타인에게 폭력을 가할 수도 있다. 특히 "청소년은 거리가 부모와 교사의 감시의 시선으로부터 벗어날 수 있는 자신들의 유일한 자율적 공간"(질 발렌타인, 박경환 역, 2009: 237)이라고 인식하고, 이곳을 해방 공간으로 여겨서 사회 질서를 넘어서는 다양한 폭력적인 행위를 드러낼 수 있다. 이런 행위는 낮보다는 밤의 거리에서, 대로보다는 소로에서 일어날 확률이 높다. 그리고 그 대상은 상대적인 약자인 여성일 가능성이 높다. 여성들이 밤길을 두려워하는 이유가 여기에 있다. 공적 공간인 길거리를 사적 공간으로 만드는 사람, 공적 공간에 위험을 더하는 사람, 타인에게 위해를 가하는 사람 등을 감시하기 위하여 거리에는 CCTV, 즉 폐쇄 회로 텔레비전이 곳곳에 설치되어 있다.

이럴 경우, 길은 감시가 일어나는 곳이다. 도로를 질주하는 차를 감시하기 위한 과속 방지 카메라는 운전하는 자들을 늘 긴장시킨다. 범죄 차량 단속이나 교통량 조사를 위한 감지 카메라도 많이 있다. 공적 공간인 거리를 사적으로 무단 점유한 차량의 주정차를 단속하기 위하여 쉴 새 없이 돌아가는 카메라도 있다. CCTV는 위험성이 높다고 판단되는 위치에 집중 배치된다. 그리고 우리가 인식하지 못하는 곳에 설치된 CCTV는 지금도 나를 감시하고 그 결과를 테이프에 담아서 보관하고 있다. 길거리의 CCTV 설치는 범죄 예방과 단속 강화를 통한 치안 유지 등의 순기능을 가지고 있다. 하지만 한편으로는, 길거리의 시민들을 잠재적 범죄자로 보거나 타인의 초상권이나 사생활 침해 등의 인권을 침해할 가능성이 높은 역기능도 있다. 이렇듯 길거리는 나의 의지와 무관하게 상시적으로 감시가 일어나고 있는 곳이다. 길을 걸을 때 나의 머리 위나 등 뒤에서 카메라가 나를 주시할 수 있다는 것을 간과하지 말아야 한다.

길은 또한 경계가 된다. 길은 국가, 지역, 학군, 행정 구역, 마을 등의 다양한 경계를 이룬다. 그리고 중립적 위치에 서서 이념, 계층, 민족, 문화적 차이를 구별해 주는 공간이 된다. 길은 같은 성질의 것은 더욱 결집하고, 길 너머의 다른 집단과는 차이를 더욱 강화시키는 기제가 된다. 길이 이런 역할을 수행하는데는 역사성을 지니고 있다. 길은 오랜 세월을 거쳐서 이루어진 지혜의 결과물이며 "우리 앞에 놓인 길들은 모두 선조들이 먼저 걸었던 길이다. 인간의 언어 속에 시간에 관한 우리들의 고민이 갈무리되어 있듯이, 길에는 시간과 시간의 길이에 대한 우리들의 고민이 총체적으로 깔려 있다."(김병용, 2009: 7) 그래서 길은 주체들 간의 합의라는 지혜의 소산이다. 그 합의가 깨질 때는 길이 다툼의 공간이 된다. 이 경우, 거리는 배타의 공간이 된다. 서로 그 길을 넘지 못하게 한다. 길을 따라서 영역 간의 나눔을 분명히 한다. 그 배타의 극단적인 행위는 길을 따라서 담을 쌓는 일이다.

길에서는 거리 간의 쟁탈전이 일어나기도 한다. 거리는 또 다른 거리와 지속적인 경쟁이 상존하는 곳이다. 그 경쟁의 상징은 곧 화려한 네온사인이다. 길은 화려함이나 이벤트 등을 통하여 세인들의 시선을 잡아끌어 발걸음을 기어이 옮기게 하고 그들을 자신의 거리에 잡아 둔다. 이럴 경우, 어느 거리의 상권은 죽게 되고 어느 거리는 그로 인해 번영을 누리게 된다. 서로 다른 길들이 공생을 하기란 무척 어렵다. 사람들이 본능적으로 거리와 거리 사이 간에 경쟁을 시키기 때문이다. 이런 경쟁은 보다 나은 서비스를 가져온다. 그러나 서비스 비용도 그 길을 찾는 사람들의 몫임을 잊어서는 안 된다. 이 운명적인 거리 간의 쟁탈전에서 벗어나는 방

전주 도심 상가의 길

법은 길거리의 특화이다. 사람들은 거리를 특화시켜서 자신들의 안정적인 이익 추구의 토대를 마련하려 한다. 그래서 붙은 이름이 가구거리, 조명거리, 영화의거리 등이다. 길마다 서로 다름을 통하여 다양성을 추구하는 것이 그 쟁탈전에서 살아나는 방안이다.

길은 인간이 환경에 적응한 결과물이다. 산업화와 도시화 이전, 즉 주로 걸어서 다니던 시대에 형성된 길이 더욱 그렇다. 최근 삶의 질에 관심이 높아지면서 과거에 걷던 길을 새롭게 조명하기 시작하였다. 이 대표적인 사례들이 올레길, 둘레길, 마실길, 고샅길 등이다. 걷기와 건강의 시너지는 많은 사람들을 길 위로 내몰아 걷게 하고 있다. 신경숙 작가는 이를 "이 도시를 알기 위해 걷기로 한 것은 잘한 일이었다. 걷는 일은 스쳐

전북 부안 내소사에 이르는 길

간 생각을 불러오고 지금 존재하고 있는 것들을 바라보게 했다. 두 발로 땅을 디디며 앞으로 나아가다 보면 책을 읽고 있는 듯한 느낌이 든다. 숲길이 나오고 비좁은 시장통 길이 등장하고 거기에는 나를 모르는 사람들이 말을 걸고 도움을 청하고 소리쳐 부르기도 한다. 타인과 풍경이 동시에 있었다."(신경숙, 2010: 86)고 표현하였다.

길의 주변에는 많은 풍광이 있다. 길 옆에 만들어 놓은 수많은 현상들은 걷는 사람들에게 재미를 더해 준다. 그 보이는 것과 보이지 않는 것에 의미를 부여하면서 길을 걷는 일은 더욱 좋다. 길은 혼자 걷기도 하고 여럿이 함께 걷기도 한다. 순례의 길을 떠나는 사람들은 보통 혼자 걷는다. 걷는데 있어서 달인의 경지에 오른 올리비에는 "홀로 외로이 걷는 여행은 자기 자신을 직면하게 만들고, 육체의 제약에서 그리고 주어진 환경 속에서 안락하게 사고하던 스스로를 해방시킨다."(베르나르 올리비에, 2009: 189)고 했다. 이런 면에서 보면, 길은 구도자에서부터 민초들의 허튼 마실까지 모두를 담을 수 있는 장소이다. 그리고 삶의 의미를 지닌 담지체이다. 그곳에서 의미를 부여하고, 혹은 의미를 찾아내는 활동들을 해 본다.

길을 걷고 싶다. 갑자기 다음의 시 구절이 생각난다.

> 길이란 길은 광야 위에 있다
> 길 위에 머물지도 말고 길 밖에 서지도 말라
> 길이란 길은 광야의 것이다
> 삶이란 흐르는 길 위의 흔적이 아니다
> 일렁이어라 허공 가운데
> 끝없이 일렁이어라 다시 저 광야의
> 끝자락에서 푸른 파도처럼 일어서는
> 길을 보리라
>
> – 백무산, '길은 광야의 것이다'의 일부

다리

분리된 두 곳을 이어 주는 장소

나에겐 운동을 삼아서 걷는 산책 코스가 몇 개 있다. 그중 하나가 생태 하천으로 변모한 전주천을 걷는 일이다. 이 하천은 집 가까운 곳에 위치하고 있어서 나에게 소중한 일상적인 장소로 자리 잡고 있다. 하천을 따라 걸으면서 주변 풍광을 눈요기하듯 바라보기도 하고, 하천 주변의 수변 식물과 수생 동물의 움직임을 관찰하기도 한다. 그중에서도 가장 맘에 드는 녀석은 왜가리이다. 긴 목과 가냘픈 다리, 하얀 털의 자태를 지녔으며, 물속을 거닐며 목을 물에 넣었다 뺐다 하면서 먹이사슬의 아래층에 놓여 있는 물고기를 낚는다. 새들이 매번 물고기를 잡는 것이 아님을 새삼 확인해 보곤 한다. 도심 하천에서 이런 새를 보는 행복한 호사를 누리면서 길을 걷는 중에 나의 눈에 들어오는 경관 중의 하나가 다리이다.

다리 하면 생각나는 것은 영화 '퐁네프의 연인들 The Lovers on the

Bridge'이다. 여주인공인 미셸과 곡예사인 알렉스가 파리의 센강을 가로지르는 퐁네프 다리에서 재회를 한다. 이 다리에는 가난한 연인들의 슬픈 사랑 이야기가 있다. 이 영화로 인하여 파리를 찾는 많은 연인들은 이곳 다리의 타원형 난간에 앉아서 가난으로 얼룩진 자들의 힘든 삶보다는 그들의 사랑을 더 기억한다. 센강과 어우러져 그 멋을 더해 주는 퐁네프 다리를 통하여, 이 다리가 낭만의 장소가 되었음을 다음 글에서 확인할 수 있다.

> 센강 유람선은 '파리의 연인 종합선물세트'다. 유람선 안은 물론이고, 강둑에도 전 세계에서 모여든 연인들이 다양한 포즈로 사랑을 속삭이고 있다. 연인들 틈바구니에 혼자 앉아 있는 솔로들의 무심한 표정도 너무 프랑스적이다. 그중 내 마음에 들어온 베스트 커플은 퐁네프 다리의 아름다운 아치형 난간에 마주보고 앉아 있던 연인이다. 사랑이 시작되는 중인지 아니면 떠나가는 중인지 적당한 거리를 두고 앉아 담담하게 얘기를 나누던 도중 여자가 문득 시선을 돌려 카메라 뒤에 숨은 나의 시선과 마주친다. 아름답다. (한국일보 2011년 6월 10일 24면)

다리의 사전적 정의는 '계곡이나 강, 해협, 도로 등의 위로 건널 수 있도록 만든 인공 구조물'이다. 다리의 다른 말로는 교량橋梁이 있다. 교橋는 수레나 소·말이 통행할 수 있는 다리이고, 량梁은 사람만이 건너다니는 다리로서 돌다리, 징검다리 등이다. 교에는 자동차용 도로에 상대적으로 좁은 인도人道가 나란히 조성되어 있다. 주로 차량과 사람이 동시에 이용할 수 있는 콘크리트 다리가 많다. 하지만 하천 양안을 통과하는 자동차 교통을 위하는 것이 주목적이다. 이 다리는 하천 양안의 강둑과 강둑을 잇고 있어서 상대적으로 높이가 높다. 그리고 다리의 하중을 견디기 위하여 육중한 교각을 지니고 있다. 자동차가 우회전을 하는데 편리하도록 다리의 끝을 둥글게 만들어 놓은 생활의 지혜도 엿볼 수 있다. 자동차가 다니는 다리는 그 폭이 상대적으로 넓다.

사람이 걷는 량에 해당하는 다리로는 섶다리, 징검다리, 돌다리 등이 있다. 이 다리는 전통적이며 임시적인 시설이다. 폭은 좁고 짚, 나무, 돌 등의 자연물을 재료로 삼고 있다. 이들은 주로 하천의 폭이 좁고 여울이 깊지 않은 곳에 설치한다. 이동하는 자에게 최단거리를 주기보다는 최적의 장소에 자리하여 오랫동안 유지하는데 더 관심이 많다. 그러나 하천 양안의 둔치를 이어 준다는 면에서 교와 같은 기능을 수행한다.

다리의 기본적인 기능은 하천이 흐르거나 다른 이유로 서로 분리되어 있는 두 곳을 잇는데 있다. 자연환경으로 나누어진 두 곳을 인위적인 환경물을 매개로 하여 연결해서 인간의 활동 공간을 확대시키는 역할을 수행한다. 그래서 다리는 서로 분리된 곳을 이어 주기 위하여 만든 인위적인 장소가 된다. 김홍중과 짐멜은 이를 다음과 같이 기술하고 있다.

> 다리는 분리된 두 강안江岸을 대립시키는 동시에 하나로 통합하는 사물이다. 다리가 놓임으로써 무관하던 대지의 두 부분은 끌어당겨지고 결합한다. 또한 다리는 물이 흐르는 강물의 심연을 아래로 하고 그 위로 창공을 끌어안으며, 가멸적인 인간들에게 길을 제공함으로써 인간의 발길을 불로 모은다. (김홍중, 2010: 389)

전북 무주의 섶다리

전주천의 돌다리

분리된 것을 단지 현실적으로 실질적 목적에 따라 결합시킬 뿐 아니라 그러한 결합을 직접적으로 눈에 보이게 만들면서 다리는 미학적 가치가 된다. 다리는 실제적인 현실을 위해서 풍광의 양쪽을 결합시키는 발판을 제공하는 것과 마찬가지로, 우리의 눈을 위해서도 그러한 발판을 제공해 준다. (게오르그 짐멜, 김덕영·윤미애 역, 2006: 265)

다리는 평면적 공간을 제공하여 사람과 자동차의 이동을 돕는 통로이다. "처음으로 두 개의 장소 사이에 길을 만든 사람들은 인류의 가장 위대한 업적 중의 하나를 해낸 셈이다. 처음에 그들은 두 장소 사이를 자주 왕래하기를 원하고, 또한 그렇게 함으로써 두 장소를 말하자면 주관적으로 결합시키기를 원했을 것이다."(게오르그 짐멜, 김덕영·윤미애 역, 2006: 264) 그러나 "다리는 통로이며, 또한 유지된 거리다."(자크 랑시에르, 양창렬 역, 2010: 70) 이는 다리가 두 곳을 물리적으로는 이어 주나 화학적으로는 결합시켜 주지 못함을 지적한 것이다. 다리는 두 곳의 통로가 되어 주긴 하지만, 사람들은 여전히 그 다리를 오가는데 이용하는 도구로서만 활용하고 싶어한다. 그래서 하천을 중심으로 하여 서로 분리된 삶을 유지하고 싶어한다. 서울의 강남과 강북을 잇는 다리의 수가 한국전쟁 이후 많이 증가하였지만, 강남은 강북과 구별되고 싶어한다. 그 구분은 단순히 서로 간의 차이를 넘어서서 차별을 분명하게 드러낸다. 한강을 중심으로 형성된 강남과 강북의 경제적 능력의 차이가 문화, 학력, 직업 등의 차이로 재생산되고, 다시 이를 심화시켜 차별화를 가속화시켜 간다. 다리는 이런 차별을 보이는 곳들끼리도 이어 주는 통로의 역할을 수행한다.

다리를 위에서 내려다보면 장방형의 구조를 가진다. 폭이 상대적으로 좁고 길이가 더 긴 구조를 가진다. 다리에는 난간, 가로등 등이 있는데 최근에는 다리 난간에 일부 장식을 하곤 한다. 그러나 다리의 주 기능은 강을 건너게 해 주는데 있다. 다리는 사람들이 교통의 편의를 위하여 만들어서 이용하는 수단이다. 가능한 한 빨리 강을 건널 목적으로 세워진 구조물로, 장방형의 구조는 경제성이나 속도감을 가장 잘 반영한다. 그래서 강을 건너면서 강 아래와 주변의 풍경을 바라볼 여유도 주지 않는다. 우리는 강 위의 다리에서 자연과 도시를 조망할 기회를 갖지 못한다. 다리는 이런 면에서 근대화 상징이자 모더니즘의 산물이다. 도로를 놓는데 있어서 하천을 장애물로 보고, 이 장애물을 극복의 대상으로 인식하던 시대에 만들어졌기 때문이다.

요즘에는 다리가 멋진 풍경을 관찰할 공간을 주지 못하는 점을 보완하기 위하여 다리를 타자화해서 풍경을 만들기도 한다. 이런 이유로 상대적으로 먼 곳에서 다리를 바라보며, 다리를 풍경의 대상으로 만드는 도시 공공디자인이 이루어지고 있다. 다리는 낮의 밋밋함을 벗어나 밤의 조명을 통한 눈요기 풍경의 대상이 되고 있다. 다리 위에서 자연과 도시를 즐기지 못함을 밤의 현란함으로 대신하고 있는 것이다. 다리를 직접적 매개로 하여 삶을 체험하는 공간으로서가 아닌, 여행자나 낯선 자, 혹은 일시적인 방문자의 심미적 태도를 자극하는 대상, 즉 보고 즐기는 대상으로서 인식하고 있다. 밤이 되면, 다리는 자체의 고유 기능보다는 눈으로 경험하는 미적 대상이 된다.

다리가 어느 모습을 하고 있든, 우리의 다리는 평면적 여유 공간이 부족하다. 퐁네프 다리의 둥근 난간이 가난한 연인들이 머무는 삶의 장소

전주천의 남천교 모습

꽃으로 장식된 싸전다리

가 되었던 반면, 우리의 다리는 그런 공간을 주지 않고 있다. 다리 위에 서성이는 사람은 여전히 불량한, 혹은 불순한 생각을 지닌 사람으로 오해를 받게 된다. 다리를 걷는 사람에게 삶의 여유를 주지 않고 있다. 요즘 서울의 한강에는 철근 콘크리트 다리가 한강을 조망할 수 있는 공간을 제공하지 못함을 보완하기 위하여 다리의 한쪽 끝에 한강을 조망할 수 있는 카페를 만들고 있다. 하지만 이 카페는 다리와 한강을 시각적으로 관조하기 위한 공간으로 제공되는 것이지, 다리 자체를 통한 미적 경험이나 체험을 제공하고자 하는 것은 아니다.

다리는 때로는 엉뚱한 장소가 되기도 한다. 다리의 난간을 이용하여 '산불 조심', 'LH 전북 유치', '새마을 운동', '뺑소니 교통사고 사례' 등의 플래카드나 구호들을 알리는 깃발, 현수막들을 세워 걸어 두기도 한다. 이처럼 다리는 정치적인 목적이나 생활 속의 구호 알림을 위한 수단으로서 활용되고 있다. 하지만 계몽주의적 구호 깃발은 타인에게 별 도움이 되지 못한다. 세인들은 이 깃발에 별 관심이 없다. 그리고 휘날리는 깃발에는 계몽자와 계몽대상자라는 이원적 구분이 깔려 있다. 이런 구분에서 나의 생각과 상관없이 나는 늘 계몽을 받아야 하는 몽매한 자로 분류된다. 이것이 다리를 오가면서 깃발들을 보는 데 마음이 편치 못한 이유다.

다리의 입지는 다리 자체에 관한 조건보다는 다리가 도로에 도움을 줄 수 있는 곳에 입지한다. 그래서 다리의 위치는 교량을 이용하는데 있어서 접근성이 좋아야 하고, 기존 도로 노선과의 연계성이 중요하다. 교량 건설을 계획시에는 노선의 선형과 지형, 지질, 기상, 교차물 등의 외부적인 제 조건과 시공성, 유지 관리, 경제성 및 환경과의 미적인 조화를 고려하여 가설 위치 및 교량의 형식을 선정하여야 한다.

다리는 하천의 흐르는 방향과 수직 교차의 방향으로 놓인다. 다리가 강에 정면으로 도전하는 형국이다. 하천의 폭과 깊이가 넓고 깊을수록 다리의 위용은 더욱 커진다. 강의 폭이 넓을수록 사람들은 강을 빨리 건너가고자 하는 기본적인 욕망을 가진다. 그래서 다리는 사람들의 질주 본능을 채워 준다. 자동차를 타고 다리를 건너는 사람들은 창밖으로 보이는 강의 풍광에 눈을 팔면서 강 양쪽을 오간다.

다리는 교류의 기능을 한다. 자동차와 사람과 물류와 사고와 전통과 패션 등이 다리를 타고서 오간다. 강을 건너는 속도에 비례해서 이동량과 빈도가 달라진다. 다리의 길이가 길수록 다리는 자동차, 지하철, 전차 등의 소통을 위한 목적이 강하다. 그럴수록 도보로 걷는 사람들을 위한 기능은 낮아지고, 대중교통과 자동차를 이용하는 자들을 위한 기능이 강화된다. 인간의 환경 극복을 위한 강한 의지가 표출된 환경 개발의 결과물이다.

다리를 이용하여 지역 간에 물류가 교류된다. 물류가 가는 곳에는 사람들이 가고, 사람이 가는 곳에는 자본과 문화도 함께 이동한다. 그러나 다리를 건너는 일을 빠른 속도로 진행하는 경우에는 하천 양안의 문화에 대해서는 별로 관심을 두지 않는다. 서로의 문화를 교류하기보다는 강자의 문화를 일방적으로 전달하는 경향이 높다.

모정과 마을회관

농촌의 소통 공간이자 공동체 공간인 장소

태생이 촌놈인지라 시골로 가는 길은 늘 유년의 기억을 떠올리게 한다. 시골로의 여행은 점점 머릿속에서 화석화되어 버린 시골의 추억에 생기를 불어넣는 계기가 된다. 지난 여름에는 연구차 시골 마을을 방문할 일이 많았다. 시골 마을에서 눈에 띄는 장소이자 추억의 장소는 모정茅亭과 마을회관이다. 우리의 삶 속에서 공공의 장소로서 자리매김을 든든히 해온 모정과 마을회관을 살펴보고자 한다. 이는 도시와 대비되는 지역이자 개념으로서 앞으로의 시골의 모습을 보여 줄 수도 있을 것이다.

시골 마을의 입구에서 사람을 반기는 건물은 모정이다. 모정은 보통 두 칸에서 네 칸 정도의 정자로, 사방이 다 터져 있으며 둥근 기둥과 마루와 지붕으로만 이루어진 초간편 건물이다. 지면에서 올라오는 습기를 없애기 위하여 바닥으로부터 반 미터쯤 위로 올려서 지었다. 모정의 사전적

전남 담양 유천마을의 모정

의미는 억새로 만든 정자이다. 그러나 이런 원초적인 모습은 존재하지 않는다. 보통 기와나 슬레이트 지붕을 지니고 있다. 최근에는 각종 농촌 지원 정책으로 보다 깔끔하고 단아한 모정을 짓기도 한다. 사방이 트여서 바람을 맞고 당산나무 밑에서 그늘을 얻으니, 모정은 참으로 주변 환경을 잘 이용하고 그와 더불어 잘 적응한 결과물이다. 이것은 옛날 양반네들이 찻잔을 기울이며 유희를 즐기던 누정樓亭과는 많이 다르다. 모정에는 온돌을 갖추고 창문을 가진 방이 없다. 다만 모정은 농번기에 일터에서 열심히 일한 촌부들이 다리 펴서 쉬고, 여름날의 작렬하는 더위를 식히는 곳이었다. 그리고 동네의 대소사를 논하고, 마을 돌아가는 이야기도 나누고, 농사의 정보도 교환하며 수다를 떨면서 함께 삶을 나누는

모정에서 여름을 보내는 모습

곳이었다.

모정은 주로 마을의 입구, 즉 동구 밖에 입지한다. 동구 밖은 마을로부터 벗어나 있어서 공기가 잘 흐르는 이점을 지니고 있다. 그리고 모정은 주로 당산나무 옆에 있다. 보통 당산나무는 마을의 역사와 함께 할 정도로 세월의 두께를 가지고 있는데, 이 나무들은 족히 수십에서 수백 년의 나이테를 가진 고목들이다. 이런 나무들로는 팽나무, 회화나무, 은행나무, 느티나무 등이 있다. 이 오래된 나무들은 많은 큰 가지들을 가지고 있어서 마을 사람들이 모두 쉬고 남을 만큼의 그늘을 만들어 준다. 마을 사람들은 그 나무그늘 밑에 모정을 지었다. 이곳에 자리 잡은 모정은 외지 사람들의 마을 출입을 살피고 마을에 드나드는 것을 경계하는 기능도 하였다. 그러나 모정의 입지도 최근에는 바뀌고 있다. 마을 동구 밖에서 점점 마을 안쪽으로 이동하고 있는 것이다. 그 이유는 마을로부터 이동 거리를 짧게 하여 동선을 줄이고자 하는 의도와 모정의 주된 이용 고객인 노인들의 이동 편의를 고려한 것으로 보인다.

예전에 시골 마을의 모정도 사람들로 붐볐던 적이 있었다. 산업시대에 접어들어 마을 사람들이 도회지로 떠나기 전만 해도 모정은 다양한 세대들이 모여 놀던 곳이었다. 다양한 세대들이 모인 곳에는 반드시 질서가 있는 법인데, 이곳도 예외는 아니었다. 모정의 마루판은 노인, 중년과 어린이의 영역으로 자연스레 구획이 나누어지곤 했다. 그러나 지금의 모정은 그럴 일이 없다. 왕년의 젊은이였던 이들이 노인이 되어 그들만이 덩그렇게 남아 모정을 지키고 있어서이다.

모정은 기본적으로 남자들의 공간이다. 상대적으로 개방된 공간이기에, 여성보다는 남성이 우위를 점하여 사용해 온 공간이다. 여자들이 두 다리를 쭉 뻗고 드러누워 오수를 즐기기에는 불편한 곳이기에 그렇다. 그래서 요즘도 마을의 모정을 주로 이용하는 이들은 할아버지들이다. 시골에 거의 노인들만이 살기에 모정은 할아버지들의 전유물이라고 말해도 과언은 아니다. 늦은 밤에 할아버지들이 집으로 간 사이에 할머니들이 잠깐 시간을 보내는 경우도 있긴 하지만 모정은 여전히 남자들의 공간이다.

시대의 변화와 함께 모정의 모양도 변하고 있다. 모정은 처마가 짧고 통풍을 위하여 높게 지붕을 올린 건축 구조이기에, 햇볕이나 비가 들이치게 된다. 정오를 지나 태양의 고도가 낮아질 때는 햇볕을 막고, 비바람

최근 건설한 육각 모정
(전남 담양 만성마을)

이 들이칠 때는 비를 막기 위하여 차양과 비가림 시설을 달아 두고 있다. 그리고 여름철의 불청객인 모기들의 출입을 차단하기 위하여 방충망을 설치한 곳도 많이 있다.

시설 변화 못지않게, 모정 안의 모습도 과거와 사뭇 다르다. 최근에 만들어진 모정에는 마을의 이름을 본떠서 관음정觀音亭, 마산정馬山亭 등과 같은 현판이 걸려 있다. 그리고 모정에는 텔레비전 수상기가 있다. 좀도둑이 이것을 훔쳐가지 못하게 철제빔으로 꼭꼭 묶어 두기도 하고, 붙박이 나무 상자 안에 넣어 두기도 한다. 그래도 걱정이 되는 주민들은 모정에 셔터를 달아 두기도 한다. 모정 안에는 장기판도 있으며, 고스톱을 칠 수 있는 담요는 필수품이다. 어느 모정 아래에는 마을 사람들의 윷놀이용 멍석이 둘둘 말려 있다. 중국집 전화번호도 걸려 있다. 돈벌이에 도가 튼 중국집이 모정의 굵은 기둥에 광고지를 신속하게 걸어 두었다. 노인들의 눈에 가장 잘 띌 수 있는 위치, 즉 노인들이 가장 즐겨 보는 텔레비

전 바로 옆의 기둥이나, 바닥에 앉아서 볼 때의 눈높이에 맞는 위치에 현란한 색으로 치장된 메뉴판을 예쁘게도 걸어 두었다.

시골 마을에는 또 하나의 장소가 있는데, 마을회관이 그것이다. 이곳 역시 마을 사람들이 모여서 마을 대소사에 관한 중지를 모으는 곳이다. 마을회관은 새마을운동 이후에 보급되기 시작하였다. 세월이 흘러 낡아진 마을회관은 마을에서 나름대로 출세한 사람들과 마을 주민들이 성금을 모으고 자치단체에서 보조금을 받아서 편리한 시설을 갖추어 신축을 하기도 했다. 그리고 마을회관 옆에 세워둔 건축 송공비에 기부자들의 이름을 빼곡하게 새겨 두는 것도 잊지 않고 있다.

마을회관에는 마을 어른들을 우대하기 위하여 노인회관이나 경로당을 두고 있다. 이곳이 경로당임을 알리기 위하여 '대한노인회 ○○마을 지부'라는 현판도 하나 걸어 둔다. 이들은 주로 마을회관의 한쪽에 자리 잡고 있거나 마을회관이 복층인 경우에는 노인들의 동선을 고려하여 아래층에 자리를 잡았다. 마을회관의 경로당은 남녀가 유별하기에 할머니 방과 할아버지 방으로 나뉘어져 있다. 마을회관에 경로당을 둘 때만 해도 마을에는 웃어른을 존중할 만한 다양한 연령층의 주민들이 존재했음을 의미한다. 그러나 젊은 사람들이 떠난 마을에는 마을회관의 기능도 변할 수밖에 없다. 지금의 마을회관은 마을의 최고 원로들이 모이는 장소이다. 시골의 노인 인구는 할머니들이 할아버지보다 많다. 할머니들의 평균 수명이 더 길기 때문이다. 동네 할머니들은 아침의 일과를 마치고 마을회관으로 모여든다. 온돌방인 마을회관의 방에서 편한 자세로 세월을 보내는 수다를 떤다. 그래서 마을 회관은 할머니들의 공간이 되었다.

마을회관의 여성 노인들

마을회관은 마을의 역사만큼이나 긴 세월을 지닌 모정보다는 상대적으로 역사가 짧다. 이것은 주로 새마을운동 이후에 마을에 큰길이 나고 들어섰기 때문이다. 마을회관은 마을의 안쪽 큰길에 위치하고 있어서 마을 주민들과 친화적이다. 마을회관 앞의 공터는 고추, 호박꼬지, 토란대 등을 말리기에 좋은 곳이다. 그리고 일부 마을에서는 마을회관 옆에 마을 창고를 짓기도 하고, 마을회관 앞의 넓은 공터에는 경운기, 트랙터 등의 농기구를 세워 두거나 비료나 퇴비 포대를 쌓아둘 수 있는 넉넉함이 있기도 한다. 벽돌담으로 지어진 마을회관은 여닫이나 미닫이문과 보일러 시설도 갖추고 있다. 온돌이 있어서 추운 겨울도 이겨낼 수 있고, 그 따뜻한 아랫목에서 점심내기 고스톱을 칠 수도 있다.

마을회관은 마을의 신공동체 사회를 열어 주고 있는 공간이기도 하다. 과거 농업사회에서는 노동력을 확보하기 위해서 마을 공동체를 지향했다면, 지금의 마을회관은 생계형 공동체를 열어 주고 있다. 요즘 마을회관에서는 노인들의 식사 공동체가 펼쳐지고 있다. 노인들의 가장 중요하고 힘든 일과는 하루 세 끼 밥 먹는 일이다. 마을회관에는 가스렌지, 싱크대, 전기밥솥 등의 취사시설이 갖추어져 있어서 공동식사를 해 먹을 수 있다. 보통 아침은 각자 집에서 해결한 후, 할머니들은 10시경부터 마을회관으로 모여든다. 그들은 파를 다듬고 쌀을 씻어 밥을 하고 김치를 꺼내서 점심식사를 마련한다. 할머니들은 이렇게 모여 식사 공동체를 열어 가면서 외로움을 달랜다. 대처로 떠난 자식들을 그리워하면서 서로가 서로에게 힘이 되어 주길 바라는 마음으로 마을회관에서 공동체를 이루며 살고 있다. 일찍 남편을 여읜 할머니들은 더욱 식사 공동체를 잘 이루고 산다. 부양해야 할 남편이 없기에 할머니들끼리 더욱 깊은 유대감을 갖게 된다. 이들은 마을회관을 중심으로 하루를 단위로 모이고 흩어짐을 반복하면서 노인 공동체를 일구어 가고 있다.

할머니들은 식사 공동체를 할아버지들에게 나누어 주기도 한다. 기왕 먹는 것, 할아버지들의 먹을거리도 함께 준비한다. 이러한 식사 공동체는 삶의 공동체로 이어진다. 속내를 다 아는 처지인지라, (다양한 사유로 약간의 시기와 질투도 있지만) 서로를 의지하며 살아간다. 누군가가 마을회관에 출석을 하지 않는 경우에는 곧바로 비상조치를 한다. 아프거나 삐졌거나 등으로 경우의 수가 그렇게 많지 않기 때문에 비상조치도 간단하다. 객지로 떠난 자식들은 그나마 노인들이 함께 삶을 나누는 것을 보면서 마음의 위안을 얻기도 한다. 그들은 건강이 허락하는 한 삶이 고단한 도회지로 자식을 따라가기보다는 서로 공동체를 형성하며 노년을 의지하며 살아갈 것이다.

마을회관에서는 노인들을 따라다니는 어린 아이도 심심치 않게 볼 수 있다. 소를 팔아서, 쌀을 팔아서, 품을 팔아서, 배불리 먹지 않고서 자식들을 건사하여 도시로 내보냈지만, 모든 자식들이 다 성공하여 사는 것은 아니다. 자식들이 많으면 그로 인하여 바람 잘 날도 없나 보다. 자식들을 다 기른 후에 노년을 보내면서도, 허전하거나 우울할 사이가 없는 노인들도 많다. 전남 담양 벌뫼마을의 마을회관 노인정에는 할머니의 궁둥이를 한 치도 떨어지지 않고 따라다니는 다섯 살배기 어린 아이가 있었다. 도시로 나간 아들이 며느리와 헤어지면서 시골 할머니에게 보내진 아이였다. 시골에는 이런 조손祖孫 가정이 적지 않다. 오직 자식 잘 되기만 빌었건만 뜻대로 되지 않는 것이 자식 문제인가 보다.

시골 마을의 모정과 마을회관은 우리 시대의 희생 세대인 노인들이 실존적 존재로서 오늘을 살아가는 장소이다. 그곳에서 노인들은 지나간 시절의 향수를 담고서 오늘을 살아가고 있다. 요즘 시골에는 중간 세대가 없다. 마을회관 앞에 아직도 붙어 있는 청년회관이라는 간판이 무색하게도 마을에 청년이 없는 지는 오래다. 농어촌에서는 노인들은 많고, 청·장년은 거의 없는 역삼각형의 인구 피라미드가 나타나고 있다. 마을에 청·장년이 없으니 당연히 유·소년층도 있을 리 만무하다. 그래서 시골은 인구 부양 능력이 거의 없다. 이와 같이 시골의 현실과 노인들의 삶을 보여주는 실존적 현상들을 고스란히 담고 있는 장소가 모정과 마을회관이다.

마을회관 모습(전남 담양 만성마을)

마을회관과 모정의 기능에는 서로 같은 점이 있다. 마을 주민들이 모여서 사는 곳, 마을의 의사소통이 일어나는 곳이자 정보를 교환하는 장소, 즉 마을의 공동체 삶이 일어나는 곳이라는 점이 바로 그것이다. 그러면서도 이 둘은 서로 다르다. 모정은 개방 공간으로서 남성의 공간이자 주로 여름철 피서용이자 쉼터로서의 기능을 한다. 또한 모정은 임시 공간이며 팔작지붕에 기와로 짓거나 육각형 혹은 팔각형을 띠며 둥근 나무 기둥으로 한껏 멋을 내기도 한 건축물이다. 반면에 마을회관은 콘크리트 구조물로 된 영구 건물로서 사계절용이다. 폐쇄 공간인 방이 있어서 여성들이 사용하기에 좋은 공간이다. 이곳에서는 취사도구를 갖추고서 공동 식사도 가능하다. 이렇듯 시골 마을의 모정과 마을회관은 서로 다른 듯 닮았고, 닮은 듯 서로 다르다.

사람이 귀한 곳이 되어 버린 시골에서 모정이나 마을회관을 벗 삼아 살아갈 사람은 많지 않다. 이런 추세로 사람들이 마을을 다 떠난다 하더라도 모정과 마을회관만은 사람이 떠난 마을을 지킬 것으로 보인다. 다시 자신들을 온전히 사용해 줄 새로운 세대들의 귀환을 기다리며 그들은 앞으로도 그 자리를 지키고 있을 것이다. 시골 마을을 오가는 길에 그곳에서 펼쳐지고 있는 아름답지만 슬픈 농어촌 마을의 초상에 눈길을 한번 더 주길 바란다. 그러나 이것이 나의 지나친 바람이 되지 않길 고대한다.

버스 정류장
일터와 쉼터를 이어 주는 장소

> 버스 정류장 팻말 하나가 세워져 있다. 정류장 팻말은 오랫동안 비바람에 지워져 글자가 잘 보이지 않는다. 정류장 팻말 옆에는 철제난간이 세워져 있다. 버스를 기다리는 승객들은 이 난간 안에서 줄을 서서 차례를 기다린다. 철제 난간은 십자모양으로, 동서남북 각 단의 길이가 모두 달라 상징적인 의미가 있는 듯하다. 사거리를 의미하기도 하고, 인생의 교차점인 듯 보이기도 하며 각 인물의 인생 여정 중의 한 지점을 나타내는지도 모른다.
>
> —가오싱젠, 『버스 정류장』 중에서

시내버스에 대한 나의 짧은 기억들

그 하나: 시내버스에 대한 유년의 기억은 신작로를 달리는 모습이다. 시골 마을의 들판 너머로 전주와 삼례를 오가는 시내버스가 달렸다. 버스는 비포장도로인 국도 1번 길을 달리면서 긴 먼지 꼬리를 만들었다. 그리고 길가에 도열해 있는 미루나무 가로수 사이를 빠르게 달렸다. 모든 것이 느린 시절, 먼지 꼬리를 단 그 버스가 무척이나 타고 싶었다.

그 둘: 자의식이 형성된 이후의 버스에 대한 기억은 만원 통학버스이다. 많은 사람을 그 작은 버스 공간 안에 싣는 것이 경이로웠다. 버스를 탈 사람은 많고 공간은 적었으니, 버스가 도착하면 사람들은 체면을 집어던지고 버스로 몰려들었다. 버스 기사는 얄궂게도 버스 정류장을 조금

더 지나친 후에 버스를 세웠다. 그러면 사람들은 당연히 빠른 자와 느린 자로 구분되어 줄을 서게 되었다. 사람들이 발 디딜 틈이 없어도 안내양은 사람을 몰아넣고, 닫히지 않는 문을 양팔로 움켜쥐고서 "오 라이!" 하며 버스를 출발시켰다. 인건비 절감 차원으로 안내양이 사라진 후에는 '개문발차開門發車 금지', 즉 차의 문을 연 채로 출발하지 말라는 경구를 달고 다니던 기억이 있다.

그 셋: 시내버스는 나의 유희 공간이기도 하였다. 참으로 할 일 없는 토요일 오후에 버스를 타고서 무조건 종점까지 갔다가 다시 그 버스를 타고 돌아오면서 창밖으로 보이는 것들에 힘없는 눈빛을 주며 버스에 몸을 맡긴 적이 있었다. 그 유희는 나의 역마살을 잠재워 주기도 하고, 때로는 살려 주기도 하였다.

시내버스는 경제 성장과 생활 수준의 향상으로 주요 교통수단으로서의 우위 자리를 승용차에 내주고 말았다. 대중교통으로서의 기능도 지하철과 택시와 함께 분담하면서 그 위용과 화려함이 예전만 못하다. 하지만 여전히 시내버스가 지상 대중교통의 근간임은 부인할 수 없다. 시내버스는 지금도 시내의 곳곳을 달리고 있다.

시내버스는 종점을 향하여 가면서 일정한 곳에서 멈추고, 그 멈추는 곳이 버스 정류장이다. 이 이름은 정거장, 승강장, 정류소 등으로 다양하게 불리기도 한다. 버스 정류장은 아무 곳에나 세워지는 것이 아니라, 승객들이 모이기에 적절한 곳에 세워진다. 그곳은 바로 버스 회사가 이익을 극대화할 수 있는 곳이다. 승객들의 접근성을 최대화시켜서 한 번에 가능한 많은 손님을 싣고 내려 주어, 이익을 극대화하고 싶은 버스 회사 사주들의 마음을 담은 곳이 버스 정류장이다. 너무 짧은 거리에 정류장을 두면 손님을 태울 가능성이 적고, 잦은 정차와 출발로 비용이 증가하게 된다. 보통 버스 정류장 간의 거리는 사람들이 오가는 정도와 거주 밀도에 따라서 달라진다. 사람들의 출퇴근이 집중하는 곳이나 주택지에서는 정류장 간의 거리가 좁고, 도시의 외곽 지역이나 사람들이 적게 사는 곳에서는 정류장 간의 거리가 넓어진다. 승객을 태우고 내릴 가능성이나 잠재력을 중심으로 버스 정류장의 간격을 조정한다. 타고 내리는 것을 기준으로 보면, 승차보다는 하차 조건을 더 중시한다. 내리는 곳의 위치를 잘 잡는 것이 이익을 보다 높일 수 있기 때문이다. 버스는 일정 거리를 달리면서 승객을 태우고 목적지인 일터, 주택, 상가 등에 내려 준다.

버스 정류장의 모습은 곳에 따라 그리고 시대에 따라서 다르다. 버스의 노선번호만 적어서 세운 팻말 정류장부터 의자를 갖추고 햇빛이나 비를 차단하는 시설물을 갖춘 형태에 이르기까지 그 모습이 다양하다. 버스 정류장의 모습은 달라도 그곳이 버스를 기다리는 공간이라는 공통점이 있다. 버스를 기다리는 사람들의 시선은 대체로 한쪽 방향으로 고정되어 있다. 버스가 우측통행을 하는지라 자연스럽게 우리 눈의 시선은 좌측으로 고정된다. 그래서 버스 정류장의 시설물은 가능한 한 넓은 시야를 확보해 주기 위하여 왼쪽 편에 투명 유리나 구멍을 뚫어 놓는다. 의자가 비치되어 있는 경우에는 앉은 자세에서의 왼쪽 시야를 확보해 주어야 한다. 정류장에도 인체 공학과 그 사회의 지배 제도가 영향을 주는 것을 알 수 있다. 버스 정류장에서 버스를 기다리는 마음이 깊을수록 사람들의

버스 정류장에서 버스를 기다리는 사람들

왼쪽 눈은 사시로 진화(?)할지도 모르겠다.

사람들은 버스 정류장에서 버스만을 기다리지는 않는다. 버스를 기다리는 동안의 무료함을 달래기 위하여 친구, 부모, 애인, 사업자 등과 전화나 문자를 한다. 정지된 공간이지만 사람들은 또 다른 곳이나 사람들과 네트워킹을 이어 놓고 있다. 아무 행위도 하지 않고 묵묵히 버스만 기다리는 사람도 그 머릿속은 어딘가의 누군가와 연락이 닿고 있을 것이다. 귀에 음악을 틀어 놓고서 음악에 몸을 맡기며 머리를 흔들고 있는 사람도 있다. 다른 사람들과 동행한 사람들은 수다를 떨기도 한다. 마음에 드는 사람이 있으면 힐긋 훔쳐보기도 한다. 정류장은 버스를 기다리는 것이 지루하지 않도록 각종 문화 텍스트를 공급하기도 한다. 일부 회사의 상술이 반영되었기도 하지만, 정류장의 벽면에 대형 액정 화면을 설치해서 e-book을 보여 주기도 한다. 이럴 경우 나의 의지와 상관없이 나는 문화의 장으로 이끌리어 교양을 쌓는다. 버스 정류장은 버스를 기다리는 공간뿐만 아니라 교양과 문화 생활을 즐길 수 있는 공간으로서의 기능도 갖추게 된다.

버스 정류장은 사람들이 버스를 타고 내리는 곳이어서 이동 인구가 많은 편이다. 사람들은 버스를 기다리면서 그곳에 머물러야 하고, 버스를 타고 내리면서 그곳을 통과하는 행위를 반복한다. 정류장에는 버스를 타고 내리는 사람들의 시선을 유혹하는 다양한 장치들이 있다. 이 장치들은 정류장과 공생을 한다. 정류장 주변에는 작은 상점이 있고, 정류장 옆에는 가판대가 있다. 가판대에서는 지금은 그 기능을 상실한 버스 토큰이나 회수권을 파는 부스도 있었다. 조간신문, 주간지, 스포츠신문 등이 시선을 유혹하고 휴지, 껌, 복권 등을 팔기도 하면서, 버스 정류장은 나름의 상권을 형성하고 있다. 또한 정류장은 생활 전선의 파수꾼 역할도 한다. 각종 구인 광고지가 자신의 상호를 드러내고서 사람들의 다급한 마음을 빼앗는다. 구인 광고지에 적힌 광고란의 전화번호에 하나씩 줄을 그어 가며 일터를 찾는 사람들도 정류장으로 모여든다.

정류장에 각종 IT시설들이 장착되면서 버스 정류장은 정보 센터의 기능을 하고 있다. 정류장에 버스가 도착할 예정 시간을 미리 알려 주기도 한다. 마음이 급한 사람에게는 버스가 늦게 오는 것처럼, 사랑하는 사람과 헤어져야 하는 사람에게는 버스가 너무도 빨리 오는 것처럼 느끼게 된다. 이것이 마음의 시간이다. 그래서 버스 정류장은 버스를 타는 사람들에게 물리적 시간 정보를 주고 있다.

또한 버스 정류장은 정보 제공의 기능도 추가되고 있다. 정류장은 단순히 타고내리는 곳의 기능을 넘어서서 버스를 이용하려는 승객뿐만 아니라 도시민들에게 지역의 정보를 제공하는 기능을 하고 있다. 정류장에는 버스가 오가는 곳에 관한 원초적인 정보가 있다. 즉, 버스 정류장은 내리는 곳의 이름과 함께 그 버스가 가는 곳과 오는 곳이 함께 표기되어 있다. 그리고 시내버스가 이동하는 노선뿐만 아니라 도시 전체의 버스 노선망도 함께 보여 주는 곳이다. 보통 지도를 이용해 노선망을 보여 주지만, 요즘에는 터치스크린을 이용하여 가고자 하는 행선지를 입력하면 버스 번

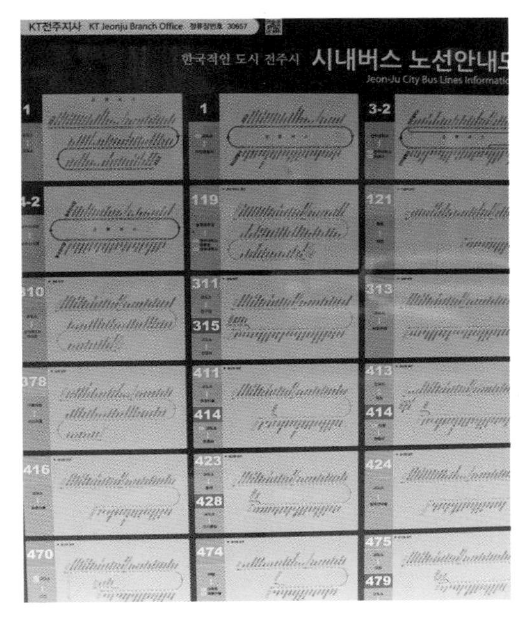

버스 정류장의 노선도

버스 정류정의 안내 시스템

호, 배차 간격, 노선도, 예상 시간 등 다양한 버스 정보를 알려 주고 있다. 버스 정류장에서 보는 시내버스의 전체 노선망은 단순한 결과물이 아니라 이해타산의 합의 결과물임을 알고 볼 필요가 있다. 시내버스 노선망을 보면, 버스 노선들이 집중적으로 모이는 곳, 곧 결절점結節點을 볼 수 있다. 버스 회사는 이익을 남겨야 하기에 사람들이 모이는 그곳으로 앞다투어 노선을 그으려 한다. 이럴 경우 버스의 수가 한정되어 있기에 대중교통의 혜택을 덜 받는, 즉 상대적으로 불이익을 보는 곳이 발생한다. 그래서 주민의 복지와 버스 회사 이익의 분기점을 적절하게 조화를 꾀하고자 버스의 공영제가 도입되고 있다.

그리고 버스 정류장은 그 기능이 다양화되면서 광고의 공간이 되고 있다. 광고는 공익 광고와 상업 광고가 주종을 이루고 있다. 상업 광고는 버스 정류장에서 기다리는 버스와 정류장 자체에서 행해지고 있다. 정류장에 다가서는 버스에 붙어 있는 큼직한 글씨와 화려한 문양으로 장식한 광고판이 먼저 승객에게 들이댄다. 승객은 본인의 의지와 상관없이 그 광고를 보게 마련이다. 버스에 오르는 짧은 시간이지만 그 광고는 단 1초에 승부수를 걸어온다. 그리고 정류장에 설치되어 있는 광고판이 있다. 정류장의 광고판은 버스를 기다리는 왼쪽 시야를 사로잡는데 위치해야 한다. 그곳에 밀린 광고판은 앉은 자리의 뒤쪽이나 오른쪽에 위치한다. 단순히 광고지 한 장을 붙이는 일이지만 그곳에도 최적 입지라는 생활지리학의 원리가 숨어 있다. 또 하나의 광고는 공익 광고이다. 공익 광고는 캠페인 광고 혹은 그 지역 로고나 구호와 같은 홍보가 중심을 이룬다. 이런 광고는 재미가 없다. 그래서 눈이 가지 않는 것도 사실이다.

버스 정류장은 지역 정체성과 문화 정체성을 알리는 장소로서의 역할도 한다. 이것은 공익 광고와도 맥을 같이 하고 정보 센터로서의 역할과도 중첩된다. 그러나 이들보다는 그 지역 정체성을 강하게 부각시켜 드러내고 있는 공간이다. 예를 들어, 전주에는 솟을대문 형식으로 만들어서 지붕에 기와를 입히고 붉은 두 기둥으로 장식한 버스 정류장이 있다. 아마도 이것은 전주가 전통의 도시임을 사람들에게 웅변하고자 하는 생각의 소산일 게다. 그러나 이것을 보면 참을 수 없는 전통의 무거움이 생각난다. 이 정류장은 전시행정으로 보이는데, 그 이유는 승객 중심이 아닌 길거리를 지나가는 과객過客 중심의 정류장이기 때문이다. 보기에 멋있는 것도 좋지만 버스를 타고 내리는 사람에 좋아야 함을 미처 생각하

전통 기와를 활용한 버스 정류장

지 못한 시기의 산물이다. 또한 요즘의 정류장에는 지역의 대표적인 역사 경관이나 지역 문화를 소개하는 멋들어진 사진 등을 소개하고 있다. 버스를 기다리며 그 지역의 특성을 한눈에 볼 수 있다. 이것은 승객을 불편하게 하지 않으면서 승객에게 문화적, 역사적, 지역적 특성을 알려 주는 세련됨을 동반하고 있다.

버스 정류장은 만남과 기다림의 광장이기도 한다. 특히 일정한 주기로 버스를 이용하는 사람들에게 있어서 버스 정류장은 일상생활의 동선이 비슷한 사람을 만나게 한다. 그리고 자주 보면 정이 들게 마련이다. 어떤 이는 버스 정류장에서 맘에 드는 사람에게 인연을 빙자하여 접근을 감행하기도 한다. 그 만남의 양태가 어떻든지 간에 버스 정류장은 많은 사람을 만나게 해 줄 것이다. 또한 버스 정류장은 누군가에게는 오지 않을 사람을, 그러나 올 수밖에 없는 사람을 기다리던 공간이기도 하다. 한 시인은 "… 나는 자주자주/자두나무 장류장에 간다// 비가와도 가고/눈이와도 가고/별이와도 간다// 덜커덩덜커덩 왔는데/두근두근 바짝 왔는데/암도 없으면 서운하니가까//…"(박성우, 2011: 22-23)라고 표현한다. 그리고 멀리 객지로 돈 벌고 공부하러 간 자녀들을 애타게 기다리던 곳이 버스 정류장이다. 직장에서 일을 마친 후 지친 노구를 이끌고 집으로 돌아오는 아버지를 기다리던 곳이다. 비오는 날에 우산을 들고서 학교에서 귀가하는 자식을 기다리는 곳이다. 혹은 영화 '버스, 정류장'처럼, 사랑하는 사람을 기다리는 곳이기도 하다. 성장의 시대에 버스 정류장은 기다림으로 가득한 곳이었다. 그 기다림의 장소는 대중교통 수단이 다양화되면서 다변화되고 있지만, 기다리는 사람의 마음은 예나 지금이나 한결같다.

버스 정류장은 참으로 작고 좁은 장소이지만 우리들의 삶과 함께하는 공간이다. 소시민들의 삶과 함께 하기에 더욱 친근한 공간이다. 이곳에서 삶의 동선動線을 일상적으로 이어가는 사람들이 오늘도 버스를 타고 내리는 일을 반복하는 그곳, 버스 정류장에서 삶을 살아간다. 갑자기 이런 생각이 든다. 그 버스를 타는 곳인 버스 정류장이 우주로 가는 '은하철도 999'의 우주 정거장이 되었으면 하고 말이다.

벤치
오가는 사람들의 쉼을 주는 장소

서 있는 사람은 오시오. 나는 빈 의자,
당신의 자리가 돼 드리리라.
피곤한 사람은 오시오. 나는 빈 의자,
당신을 편히 쉬게 하리라.
서 있는 사람은 오시오. 나는 당신의 빈 의자,
당신의 자리가 돼 드리리다.
…
두 사람이 와도 괜찮소, 세 사람이 와도 괜찮소,
외로움에 지친 모든 사람들 무더기로 와도 괜찮소.

– 대중가요 '빈 의자'

벤치에 자주 앉곤 한다. 나의 생활 주변에서 벤치를 자주 만난다. 아파트 내를 산책하는 길에 놀이터에서 만나고, 운동 삼아 걷는 천변의 산책로에서 만나고, 백화점에 들어가는 입구의 앞뜰과 백화점 내의 점포 이동로에서 만나고, 지하도를 건너는 통로에서 만나고, 연구실 건물 아래의 회화나무 밑에서 만나고, 시민단체에 회의 하러 걸어서 가는 길거리에서도 만난다. 그 과정에서 만나는 벤치에는 벤치만 덩그렇게 있기도 하고, 사람들이 혼자서 외롭게 있거나 혹은 둘이서 자리하고 수다를 떨면서 앉아 있기도 한다. 드라마 속에서 자주 보듯이 벤치에서 두 연인이 사랑을 나누는 장면을 목도하기도 한다. 벤치는 나의 일상에서 자주 접할 수밖에 없는 존재임을 부인할 수 없다.

벤치는 본질적으로 오가는 자들에게 쉼을 주고 여유를 주는 장소이다. 긴 거리를 걸은 사람에게는 잠시 피로를 덜어 주기에 참 좋은 장소이다. 적당히 걸은 후에 만나는 벤치는 산소 탱크이다. 누군가를 기다리는 사람에게는 여유를 주고, 또 어느 연인들에게는 추억을 주는 장소이다. 넓지 않은 면적을 차지하고 있지만 사람들에게 의미로운 존재로 남게 되는 장소이다.

벤치들 입지의 공통점은 항상 주변에 존재한다는 점이다. 놀이터, 길거리, 건물, 통로 등의 중앙이 아닌, 가장자리에 자리 잡고 있다. 벤치는 이런 면에서 늘 주변적 존재라고 볼 수 있다. 중심적 위치를 주요 기능을 담당하는 요소들에게 넘겨주고, 자신의 존재 가치를 낮추어서 자리 잡고 있다. 벤치가 너무 커도, 너무 가운데 있어도 불편한 존재가 될 수 있다. 중심 기능 요소를 도와주는 조연助演의 기능과 역할을 묵묵히 수행한다. 다시 말해, 벤치는 사람들이 이용하고자 하는 중심 기능을 수행하는데 있어서 이를 도와주는 역할을 한다. 사람들의 동선動線을 최우선적으로 고려해야 하면서도, 동시에 사람들의 동선을 방해하지 않는 범위 내에 입지해야 한다. 사람들의 이동이 빈번한 곳의 옆자리, 사람들이 걷다가 다리가 아파할 만한 정도의 거리, 중심 기능을 살펴보기 좋은 장소, 작열하는 태양 볕을 피할 수 있는 곳 등에 위치한다.

또한 벤치는 실내의 경우에는 공간 활용을 극대화하고 사람들에게 쉼터를 주고 공간 디자인을 높이기 위하여 각이 진 구석에 위치한다. 긴 벽면을 활용하여 벤치를 위치시키기도 한다. 그러나 사람들의 이동이 빈번한 곳, 즉 건물 입구, 엘리베이터나 에스컬레이터를 타고 내리는 곳, 오가는 사람들이 교차하는 곳 등에는 벤치를 두지 않는다. 또한 옥외의 경우에는 사람들이 지하철과 같이 동시에 타고 내리는 곳, 한꺼번에 사람들이 몰리는 번잡한 곳에는 설치하지 않는다. 이처럼 목이 좋은 곳에는 벤치를 두지 않는 경향이 있다. 그런 곳은 땅값이 비싸서, 지대를 극대화시켜 이윤을 높여야 하기 때문이다. 한 치의 공간이라도 더욱 활용하여 물건을 전시하고, 작업 공간을 넓히고, 고객을 맞이하는 공간 등을 확보하는 것이 보다 이익이다.

벤치는 있어야 할 곳과 있지 말아야 할 곳이 분명한 대상이다. 그러기에 사람들의 동선을 고려해야 하는 장소이다. 공간 디자인을 하는 사람과 공간을 활용하여 이윤을 추구하는 공간 비즈니스를 하는 사람들은 이 점을 바로 인식할 필요가 있다.

벤치는 보통 한 사람 이상이 앉을 수 있는 긴 의자를 의미한다. 그렇지만 학교 운동장의 스탠드처럼 길지는 않다. 보통 성인 두세 명이 앉을 수 있을 정도의 길이다. 폭은 둔부와 대퇴부를 걸칠 수 있을 정도이다. 우리말로는 긴 의자 혹은 장의자라고 말한다. 긴 의자는 기능상 사람을 앉히는 역할을 한다. 그리고 복수의 사람들이 앉을 때는 의자를 따라서 수평적으로 사람들이 어깨를 나란히 하여 앉게 만든다. 이것은 같은 벤치에 앉은 사람은 동등한 위치를 부여받게 한다. 위아래가 없이 앉은 사람의 옆자리에 자리를 잡게 함으로써 수평적인 동질감을 줄 수 있다. 그러기에 벤치는 봉건적인 존재가 사라진 근대화 과정에서 나온 근대 문화의 유산이라고 볼 수 있다.

벤치는 상호 평등주의를 줄 수 있는 장치이다. 벤치에 함께 앉아 있는 것만으로도 사람들은 동등한 위치의 평등성을 인정받을 수 있다. 위아래의 문화에 익숙한 우리나라에서는 다소 생경한 존재임에 틀림없다. 양반(혹은 귀족)과 상놈(혹은 평민)이 같은 의자에 앉아서 얘기를 나누는 것은 곧 평등을 지향할 수 있게 한다. 남녀가 평등한 위치에서 사랑을 속삭이게 할 수도 있다. 여기서는 귀족이 선호하는 안락의자의 권위주의는 찾아볼 수가 없다. 또한 의자의 장식도 화려하진 않다. 지극히 단순하다. 사람이 앉는데 필요한 최소한의 장치와 시설을 갖추고 있다. 앉는 이의 자세를 편안하게 하기 위하여 등받이를 만들어 놓기도 한다. 그 재질도 나무, 콘크리트, 돌, 플라스틱 등으로 다양하지만 소박하다. 그 자리를 차지하고 있는 사람이 벤치의 주인이다. 이런 면에서 벤치는 차별이 없는 평등성을 지향하는 장소이다. 그러나 우리나라는 전통적으로 모정, 사랑방 등에서 둘러앉는 것에 익숙하다. 서로 얼굴을 보며 앉기를 선호한다. 사랑방 문화는 함께 빙 둘러앉아 삶을 나누는 문화이다. 즉, 공동체 문화 요소가 강하다. 내가 아닌, 우리로 익숙한 문화이다. 그런 면에서 보면, 우리는 전통적으로 실내 지향의 문화이다. 반면, 벤치는 옥외나 개방 지향의 문화이다.

벤치는 여러 사람이 앉기에는 불편한 장소이다. 어느 누가 벤치를 선점하면 그 옆자리에 자리를 잡기에는 많은 용기를 필요로 한다. 불가피하게 앉아야 할 경우, 벤치의 양 끝단을 나누어 점유하게 된다. 자연스럽게 가운데에는 점이 지대가 형성된다. 물론 사랑하는 연인이 벤치의 자리를

벤치에서 자는 사람(미국 시애틀)

잡을 경우, 그들은 벤치를 보다 친밀한 공간으로 만들어서 한 치의 틈도 남기고 싶어 하지 않는다. 그러나 이제 막 사랑을 시작한 연인이거나 아직 사랑을 고백하지 못한 남녀는 어색하게 간격을 유지하며 벤치를 점유할 것이다. 그 모습이 어떻든지 간에 벤치는 개인주의적 성향을 지니고 있다. 다수가 점유할 수 없는 조건과 선점한 자에 대한 예우가 반영되어 한두 사람만의 장소가 된다.

또한 벤치는 쌍방향을 지향하는 장소라기보다는 한 방향을 지향하는 장소이다. 놓여 있을 때 다열多列보다는 단열單列로 배치되는 경우가 보통이다. 사람들은 벤치의 구조물이 지어진 방향대로 앉게 된다. 즉, 벤치는 앉는 자의 자유 의지가 상대적으로 낮은 장소이다. 사람들은 벤치에

벤치에서 쉬고 있는 모습

앉는 순간 시선의 방향이 결정지어진다. 서로 마주 봄으로써 나오는 어색한 분위기를 피할 수 있다. 벤치에 두 사람이 앉아도 특별한 경우를 제외하곤 같은 방향을 응시한다. 더욱이 등받이가 달려 있는 벤치는 허리의 편안함을 주긴 하여도 일방적으로 방향을 결정하기도 한다. 그렇지만 사람들은 벤치에 앉아서 같은 방향을 보고 있을지라도 서로 다른 생각을 하고, 서로 다른 것을 볼 수 있다. 그럴 때는 더더욱 서로의 눈을 응시할 필요가 없다. 그래서 벤치는 자기 장소로의 구속성을 강화하는 반면, 타자에 대한 배타성을 드러내는 장소라고 볼 수 있다.

벤치는 본질적으로 목재 등의 재질로 만들어진 구조물에 불과하다. 물리적인 대상이자 고정적인 공간으로서 원초적인 모습을 지니고 있다. 그

벤치는 쉴 사람을 기다린다.

러나 그곳에 앉는 사람이 그 구조물인 벤치에 의미를 부여하거나 의미를 담는 경우, 벤치는 주관적인 의미체가 된다. 이때, 벤치는 공간을 점유하는 단순한 물체에서 벗어나 추억을 담은 소중한 장소가 된다. 누군가에게는 사랑하거나 만나거나 다투거나 헤어지거나 등의 자리가 된다. 벤치는 근본적으로 그곳에 앉는 자에 의해서 의미가 규정된다. 누군가의 의미가 되는 경우, 벤치는 다차원적多次元的이며 다의적多意的이며 다면적多面的인 실존체가 된다.

벤치는 하루를 주기로 다양한 모습으로 자리하기도 한다. 시간에 따라 각기 다른 사람들이 다양한 양태로 벤치를 이용한다. 아파트 놀이터 주변에 자리 잡고 있는 벤치를 둘러싼 현상을 시간대별로 살펴본다. 아침

출근길에 본 벤치는 지난밤 누군가에게 술잔을 나누는 자리가 되었음을 주변에 나뒹굴고 있는 맥주 캔이 말해 준다. 아파트 관리인이 이것을 치우고 나면, 유치원에 다니는 아이들과 애틋한 엄마가 벤치에 앉아서 유치원 버스를 기다리는 곳이 된다. 낮에는 더위를 식히고 산책을 하는 노인들의 휴식처가 된다. 그리고 해거름에는 동네 아이들의 놀이터가 되어 주기도 한다. 이런 면에서 보면, 흔하게 보이는 벤치도 나름의 이야기가 있는, 사용하는 인간의 칠정七情을 몽땅 지닌 장소임에 틀림없다.

벤치는 그것이 위치하고 있는 곳에 따라서 그 기능을 달리하고 있다. 또한 한 곳에 있는 벤치도 다양한 기능을 한다. 어렸을 적, 철들 무렵부터 비둘기호 기차를 타고자 간이역의 대합실에서 곧잘 기다리곤 했던 기억이 난다. 그곳 대합실에는 긴 벤치가 있었는데 보통 등받이를 가진 벤치였다. 그 벤치는 더디 오는 완행열차를 기다리던 장소였다.

그리고 벤치는 약속의 장소이다. 함께 길을 떠나는 친구들의 약속 장소로서 기능을 한다. 대합실의 긴 의자에 드러누워 하룻밤을 보낸 때도 있었다. 그 모습을 젊은이의 낭만으로 여유롭게 보아 주던 시기도 있었다. 그렇게 간이역 대합실의 벤치는 낭만의 대명사처럼 인식되기도 하였다. 길을 떠나는 자들을 보다 넓은 세상으로 인도하는 중간 기지 역할을 수행하였다. 마주 보게 배열된 대합실의 벤치도 버스 정류장처럼 앉아서 통기타를 치면서 함께 노래를 부르곤 하던 장소였다. 그러나 개인주의가 심화되면서 대합실의 벤치들은 개인 의자로 대체되고, 그 배열도 앞을 보게 하는 방향으로 변화되었다. 또한 역 대합실의 벤치는 긴 기다림의 공간이기도 하다. 집을 나간 자식들이 돌아오길 바라고, 대처로 공부하러 혹은 돈을 벌러 나간 자녀들을 기다리던 장소이다. 많은 사람들이 그 벤치에 앉아서 기차가 도착하는 긴 시간을 인내하던 곳이다. 끝내 돌아오지 않는 자를 기다리던 곳이기도 하다. 기다림 그 자체만으로도 마음 설레게 하던 장소가 대합실의 벤치이다.

벤치는 홈리스, 즉 노숙자에게는 하루의 쉼을 주곤 한다. 집을 나선 자들이나 거리를 배회하는 자들에게 고단한 몸을 눕게 하여 휴식을 주는 장소이기도 하다. 집을 나온 자들이 등을 대고 한데 잠을 잘 곳으로서 벤치는 안성맞춤이다. 길게 드러누운 모습이 거리를 지나가는 자들에게는 눈살을 찌푸리게 하지만, 그들은 남의 눈치를 볼 정도로 삶의 여유를 갖추고 있지 못하다. 목전의 쉼이 당장 급하기 때문에 애써 지나는 사람들의 눈총을 피하기 위하여 겉옷을 덮어쓰기도 한다. 이들에게 고단한 새우잠을 주는 곳이 벤치다. 그러나 최근에는 그 벤치에 노숙자가 드러누워 잠을 청하는 것을 방지하고, 한 사람이 타인의 쉼터를 지나치게 넓게 지배하는 것을 방지하기 위하여 긴 벤치에 칸을 막아 두기도 한다. 작은 나눔 턱은 길게 드러눕지 못하게 하는 효과를 줄 수 있다. 가지지 못한 자에게는 너무 각박한 세태를 반영하는 단적인 현상이다.

늘 보이는 벤치가 우리가 이동하는 동선 속에 자리하고 있다. 벤치는 우리의 동선을 잡아 두고 다시 풀어 주는 역할과 기능을 수행하면서 우리 삶과 함께 하고 있다. 우리 삶 속의 물리적 대상만이 아닌, 의미를 담고 있는 장소로서 벤치를 다시 본다. 그리고 우리 생활을 돕는 주변적 장소인 벤치에 앉아서 바쁘게 움직이는 사람들의 발걸음을 보고 싶다. 그들이 향하는 어느 곳에 있을 벤치와, 그곳에서 앉아 한 호흡 가다듬고 삶

속으로 걸어가는 이들을 머리 속에 그려 본다. 내일은 어느 벤치에 앉아서 놀아 볼까?

학교

삶의 관계망을 형성하는 장소

두 아이들이 아침에 분주하게 서두르며 학교로 간다. 학교로 가는 발걸음이 경쾌한 것만으로도 위로가 된다. 세상살이가 험한 시대에 어딘가를 힘차게 그리고 기쁜 마음으로 가는 것만으로도 보기 좋다. 그들이 이른 아침 눈꺼풀이 채 떨어지기도 전에 군소리 없이 학교로 갈 만큼 즐거움을 주는 것은 무엇인가 묻고 싶을 때가 있다. 그러나 학교 잘 다니는 그들을 쓸데없이 자극할까 봐 그냥 바라보기만 한다. 참으로 용하고도 기특하다. 초·중·고등학교의 그 긴 시간을 잘도 다닌다. 그들은 인생의 가장 좋은 시기를 학교에서 보내고 있다. 학교는 젊은 날의 초상을 만드는 토대가 되는 장소이다. 아마도 그들은 학교에서 교사, 친구, 직원 등 다양한 사람들을 만날 것이다. 그러나 이들이 모두 의미로운 존재로 다가오지는 않을 것이다. 지극히 사무적으로 만나는 사람도 있고, 친근감을 가지고서 만나는 사람도 있다. 그 친소의 정도나 애정의 온도차에 따라서 각기 다른 만남을 유지하고 그 만남을 다양화할 것이다.

학교는 기본적으로 공부하는 장소이다. 전통적인 공부하는 장소로는 서당이나 서원, 성균관 등이 있었다. 소학을 보면, "옛날의 교육기관으로 25가구가 사는 마을에는 '숙塾'이란 학교가 있었으며, 오백 가구가량 모인 마을에는 '상庠'이란 학교가 있었으며, 이천오백 가구가량이 모인 마을에는 '서序'란 학교가 있었으며, 한 나라의 수도에는 '학學'이란 학교가 있었다."(주희·유청지, 윤호창 역, 2005: 32)고 전하고 있다. 지금도 '숙'이라는 이름은 '장학숙奬學塾', '인재숙人才塾' 등으로 사용되고 있다. 학교의 이름이 무엇이든지 간에, 그곳은 공부하는 곳임이 분명하다. 마을마다 고을마다 학교를 두어, 다음 세대들을 위한 공부를 시켰다. 근대 교육기관인 초등학교를 마을마다 세우기 위해 마을 사람들이 땅을 기부 채납하여 자녀들의 교육 시설을 갖춘 경우도 흔히 볼 수 있다. 그처럼 학교는 공부를 하는 곳이며, 공부를 통하여 자아를 실현하고, 더 나아가 입신출세할 수 있는 통로가 되는 곳이다.

하지만 학교는 공부만 하는 곳은 아니다. 학교는 학생이라는 신분을 가진 사람들이 모인 장소이다. 학생들은 이곳에서 군집 생활을 하며 저마다의 삶의 궤를 이루며 살아간다. 그래서 학교는 우리 사회의 축소판으로서 다양한 사회 구조가 형성되어 있는 곳이다. 학교에서 사람들의 관계가 이루어지기에, 학교는 사회적 관계망을 형성하는 장소이다. 그 관계망을 누구와 어떻게 형성하느냐는 매우 중요하다. 인간이 사회적 동물임을 부인할 수 없는데, 학교에서 학생들은 수많은 사회적 관계망을 자의적으로 혹은 타의적으로 형성한다. 학교에서 주로 이루어지는 관계망의 축은 교사와 학생 간이다. 교사는 학교에서의 권력 집단이다. 학생들은 권력자들과의 관계망을 형성할 수밖에 없다. 학교에서 학부모와 학생들은 상대적으로 사회적 약자이다. 다음은 그 한 사례이다.

> 알렉이 초등학교 1학년 때 담임 선생님은 그리 좋은 분이 아니었다. 그 여선생님은 늘 신경이 날카로웠다. 성미가 까다롭고 기분 내키는 대로 하는 데다 걸핏하면 학생들한테 고함을 질렀다. 알렉은 가만히 있는 것보다는 말하기를 좋아하는, 창의적이고 혈기가 왕성한 아이이다. 아이에게 학교는 다른 아이들과 어울리기에 더없이 좋은 장소였다. 아이의 그런 태도는 당연히 선생님의 참을성 없는 성격과 부딪쳤다. 아이는 자주 선생님의 화풀이 대상이었다. (존 비비어, 윤종석 역, 2011: 15)

상대적 약자는 강자와의 관계 구축을 통하여 자신들의 입지를 공고히 하고, 그러한 자신의 관계망으로 다른 친구들보다 우월적 존재로 서길 바라기도 한다. 최근에는 교사와 학생, 학부모와의 관계 축이 수평적 축으로 변화하는 과정에서 아노미 현상이 일어나고 있다. 일부 학부모들은 학교 권력의 우위에 존재하는 교사와의 관계를 돈독하게 구축하여 자녀들의 이익을 도모하기도 한다.

학교에서는 학생과 학생의 관계망도 형성된다. 그 관계망이 처음으로 형성되는 사이는 짝꿍이다. 교실은 학생들의 자리 배치가 존재하는 곳이고, 그 자리 배치에 따라서 짝꿍이 형성된다. 짝꿍은 공간을 나누면서 동시에 공유하는 존재이다. 과거에는 한 책상에 두 친구가 영역을 나누어

초등학교의 놀이터

자신의 독점적 지위를 주장하는 과정에서 서로 다투기도 했다. 요즘에는 책상을 맞대고서 하루의 일상을 가장 많이 나누는 관계가 되고 있다. 짝꿍은 애증의 관계망을 형성하기도 한다. 그들의 물리적 거리는 가깝지만 심리적 거리는 무척이나 먼 사이일 수도 있다. 학생들은 상대적으로 먼 거리에 앉아 있는 학생과 더 밀접한 관계망을 유지하는 경우도 있다. 학교 내의 사회적 관계망 유형이 어떻든지 간에, 동료와의 사회적 관계는 학생들이 학교 생활을 유지하는데 매우 큰 영향을 준다. 이것은 학교를 가고 싶게 하기도 하고, 학교를 가고 싶지 않게 만들기도 한다. 동료와의 사회적 관계는 개인과 개인, 개인과 집단, 집단과 집단 사이의 관계망으로 확대 재생산된다. 그리고 학생들은 다양한 학교와 학년을 거치면서 다층적이자 누층적인 관계망을 형성한다. 이는 학생들이 한 개인으로서, 그리고 사회적 존재로서의 자아 정체성을 형성하는데 아주 큰 영향을 준다.

학교에서 사회적 관계망이 왜곡되어 나타나는 현상 중의 하나는 왕따, 즉 집단 따돌림이다. 이 현상은 학생들 사이의 이해관계나 권력관계로 인하여 특정 학생 집단이 특정 학생의 사회적 관계망을 의도적으로 차단하거나 파괴하는 행위를 의미한다. 집단 따돌림은 당하는 학생들에게 치유하기 힘든 성장기의 상처가 된다. 학교가 사회의 축소판이라면 집단 따돌림이라는 왜곡된 사회적 관계망을 도덕적 차원에서 해결하려는 것은 무리가 있다. 보통 집단 따돌림은 사회적 그리고 신체적 학대나 폭력을 동반하기 때문이다. 이 점은 사회적 관계망을 파괴하는 정신적 고통과 신체적 고통을 동반하기에 범죄 현상이다. 자신의 선택이 아닌, 타인에 의해서 사회적 관계망이 왜곡되거나 침해당하지 않을 권리를 누구나 가지고 있다. 이 현상은 작위적으로 타인의 사회적 관계망을 침해하거나 차단함으로써 특정 학생을 사회적 관계망으로부터 분리시키는 원심력을 작용시켜 군중 속의 고독한 자를 만든다.

또 한편으로 학생들 사이에서 구심력이 작용하는 사회적 관계망으로는 친구 사이가 있다. 서로 간의 친함은 사회적 관계망이 작용하여 특정 학생들 간에 구심력이 생긴다. 우리는 이런 관계를 우정이라고 한다. 학교에서의 친구는 학교생활뿐만 아니라 성인이 되어서도 오랜 시간 동안 유지되는 경우가 많다. 학창 시절 친구라는 사회적 관계망은 학생들의 사회적 자아를 형성하는데 순기능을 한다. 이 관계는 학교 밖의 사회적 관계망에도 영향을 주고 있으며, ‘절친’, ‘일촌’, ‘베스트 프렌드’ 등으로 그

학교의 친구들

학교의 '절친' 모습

친함을 표현하고 있다. 이를 통해서 보면, 학생들의 "정체성은 복잡한 관계망에 뿌리내리고 있으며, 친구 관계를 허락하거나 거절할 수 있는 (혹은 포함시키거나 배제할 수 있는) 권력은 아이들의 학교 문화에서 핵심적이다."(질 발렌타인, 박경환 역, 2009: 189)

학생들의 사회적 관계망은 학교 밖의 사회적 관계망으로 이어진다. 소위 학연學緣이 그것이다. 같은 학교에서 공부를 했다는 이유만으로 서로에게 흡인력이나 인연 의식이 강해진다. 전통적인 친족 사회도 아닌데, 우리 사회는 학연이 강하다. 특정학교 출신이 권력의 핵심을 차지하고, 서로가 서로를 견인해 주는 후진적 관계망이 우리 사회를 지배하고 있다. 학연에 지연과 혈연까지 결합하면 더욱 가관이 된다. 고소영 정부라고 불리는 MB 정부는 고려대라는 학연과 영남이라는 지연에다가 종교연을 결합시켜 놓았다. 학교의 사회적 관계망은 우리 사회의 권력 카르텔의 한 축을 형성하여 지배구조를 공고히 하는데 기여하고 있다. 그 결과, 학연은 우리 사회를 지배하는 중요한 축이 된 지 오래이다.

학교 내의 장소인 매점, 학교 식당, 교실, 운동장, 화장실, 교무실, 행정실, 쓰레기장 등과 학생들의 관계 정도도 다르다. 이 관계 정도는 학생들이 지니는 교내의 장소들에 대한 선호도로 표현될 수 있다. 학생들은 이 장소들에 대해서 부여하는 의미 정도에 따라서 이곳과의 상호작용 정도를 결정한다. 학생들이 가진 학교 내 장소의 선호도는 사회적 관계망의 결과이기도 하다. 예를 들어, 어떤 학생은 교무실을 징계의 장소로 보는가 하면, 다른 학생은 이를 교사와 지적 상호작용이 일어나는 장소로 인식할 수 있다. 교무실을 전자로 인식한 학생은 교사와의 사회적 관계망이 적은 반면, 후자의 학생은 그 관계망이 양호할 가능성이 높다. 그래서 "학교라는 장소의 의미를 서로 나누면서 학생들은 서로에 대해 이해하고 가까워질 수 있는 기회가 되었을 뿐만 아니라 '같은 장소, 다른 의미'라는 장소 개념을 실제적으로 경험한다."(임은진, 2011: 233).

또한 학교 내의 사회적 관계망은 선호하는 장소에도 영향을 미친다. 전통적으로 이를 잘 반영하는 대표적인 곳은 화장실이다. 특히 건물 밖에 있던 화장실은 그 학생들의 사회적 관계망이나 권력관계가 더욱 잘 드러나는 곳이다. 학교 화장실에서의 담배를 피우는 행위는 그 관계를 상징적으로 표현하기도 한다. 그리고 학교 내의 매점은 학생들의 이동 동선이 집중되는 곳이다. 쉬는 시간에 집중하는 곳이고, 수업 시간에는 흩어지는 곳이다. 시간표를 따라서 집중하고 흩어짐이 반복적으로 일어나는 곳이 매점이다. 매점은 학생들의 상호 작용을 증진시키는 대표적인 매개 장소다. 또한 "여자 아이들은 친구 관계에 따라 (가령 화장실이나 건물의 뒤편 등과 같이) 각기 상이한 장소를 차지하여 집단을 형성하고, 이러한 관계와 애착은 여자 아이들의 정체성 및 자아-가치관의 형성에 매우 중요하다."(질 발렌타인, 박경환 역: 190)

학생들은 학교를 공부하는 곳과 노는 곳, 가고 싶은 곳과 가고 싶지 않은 곳, 즐겁고 행복한 곳과 지겹고 지루한 곳, 때리는 곳과 맞는 곳 등 다양한 차원으로 인식할 수 있다. 학생들이 학교를 어느 시각으로 바라보든, 학교는 학생이라는 사람이 모인 곳이다. 그러기에 학생들은 권력관계를 지닌 사회적 관계망으로부터 자유로울 수가 없다. 학교 안에서 형성하는 사회적 관계망은 성장기 학생들의 사회적 자아 정체성에 큰 영향을 준다.

맺음말

장소 경험,
장소감(場所感)이 주는 마음의 변덕

1년간 교환 교수 생활을 마치고 귀국한 후, 미국에 다시 여행을 다녀올 기회가 있었다. 미국 조지아주의 애틀랜타시와 그레이트 스모키 마운틴 국립공원을 중심으로 일정을 구성하였다. 그중에서도 애틀랜타는 나의 주 여행지였다. 코카콜라와 CNN방송으로 유명한 도시이지만, 나는 킹 목사가 제일 먼저 보고 싶었다.
이른 아침 서둘러서 애틀랜타의 다운타운으로 향하였다. 러시아워가 지난 시간이어서 다운타운은 한가하였다. 내비게이션의 도움을 받아서 다운타운의 어번가(Auburn Street)와 잭슨가(Jackson Street)가 만나는 지점까지 순조롭게 도착하였다. 마틴 루터 킹(Martin Luther King, Jr.) 목사를 알리는 도로 표지판이 눈에 들어오기 시작하였다. 잭슨가와 어번가는 화려한 다운타운의 고층건물들 곁에 나지막이 자리 잡고 있었다. 나는 잭슨가와 어번가에서 자유를 외쳤던 킹 목사를 만나기 위해서 그의 기념관을 찾았다. 다운타운의 마천루 빌딩들 사이의 낮은 곳에는 고단한 삶을 이어 가는 가난한 흑인들이 점점이 박혀 있었다. 아침 시간임을 감안하더라도 거리는 생기가 없다. 오가는 사람도 서두름이 없다. 애틀랜타 공항에 전시되어 있던 짐바브웨 조각상들과 이곳의 흑인들이 오버랩되어 왔다. 특유의 검은 얼굴은 나의 선

잭슨가의 건물

입견을 발동시켜서 나를 긴장시키기에 충분하였다. 킹 목사의 역사적 장소(Historic Site)에 도착하였지만, 그의 외침을 머릿속에 그리기도 전에 검은 피부의 흑인들에 대한 긴장으로 피부가 오싹해졌다. 다운타운 옆의 슬럼가를 종횡무진 걷기에는 나의 모험심이 바짝 쪼그라들어 있었다.

마음은 새가슴처럼 되어 버렸지만, 흑인 인권운동의 성지인 어번가의 역사적 장소에 차를 세우고 걸었다. '우리 승리하리라, 우리 승리하리라, 우리 승리하리라, 그날에…'

라고 목청껏 자유를 외쳤던 그곳에 섰다. 어릴 적 이 노래를 교회에서 처음 들었다. 그리고 철들어서는 자유와 민주를 갈구하는 노래로 불렀다. 그곳에 서 있는 것만으로도 벅찬 감동이었다. 그 슬럼가는 애틀랜타의 플랜테이션 농장에서 일을 하던 흑인 노예들의 후손이라는 동질성을 가진 그들이 인간답게 살고 싶다고 노래를 불러 댔던 바로 그곳이다. 그곳에는 원형의 교회와 새로 단장한 교회가 자리를 잡고 있었다. 길거리엔 온통 킹 목사를 기념하는 기념관, 도로명, 동상이 있지만, 나는 여전히 이곳이 두렵다. 아직도 다문화에 익숙하지 않아서 그러려니 하지만 그것보다는 흑인에 대한 나의 선입관이 강해서 그럴 것이다.

교회는 커지고, 킹 목사의 생일을 국가기념일로 삼고 있지만 흑인들의 삶은 크게 달라지지 않았다. 오바마 대통령이 나왔다고 한들 하루아침에 그들의 처지가 개선될 수는 없다. 거리를 걸으며 당시의 함성을 느끼기에는 거리가 너무 살벌하다. 다시 차를 타고서 그 거리를 배회하였다. 그러다 거대한 철판을 조각하여 만든 킹 목사의 부조물을 만났다. 녹이 슨 그 부조물이 흑인들의 고단한 삶을 웅변해 주고 있는 듯하였다. 거리의 흑인들은 자유의 성지에서 오늘을 힘들게 살아가기에 킹 목사를 닮을 마음의 여유는 없는 듯하다. 여전히 미국에서 가장 위험한 4대 지역으로 손꼽히는 애틀랜타의 다운타운 주변 슬럼에서 이제는 체념한 듯 익숙한 삶을 살아갈 뿐이다.

킹 목사의 비폭력 저항은 우리에게 거대한 혁명을 주었다. 세상을 바꾸는 에너지였다. 그리고 그 에너지는 지금도 살아 있다. 그러나 어번가에서는 지난 밤의 술에 젖어 거리에 몸을 맡긴 사람과 얼굴에 미소를 닫고 있는 사람들이 주로 눈에 들어온다. 라

애틀랜타시의 킹 목사 기념물

커로 흘려 쓴 글씨들이 뜻 모를 얘기만을 나에게 전해 주고 있다. 작은 주유소 편의점의 방탄 유리벽은 가뜩이나 긴장하고 다니는 나를 더욱 움츠리게 했다. 소심한 나는 서둘러서 그곳을 빠져나갔다.

어번가에서 그리 멀지 않은 곳에 미첼 박물관(Mitchell House and Museum)이 있다. 그 유명한 '바람과 함께 사라지다(Gone with wind)'를 쓴 미첼의 집과 작은 박물관을 방문하였다. 그곳의 거리는 어번가나 잭슨가와는 확연히 다르다. 피치가(Peach street)의 나무들은 철늦은 단풍으로 갈아입고서 그곳을 지키고 있다. 거리는 깨끗하고 문학적 낭만을 주기에 충분하다. 그녀가 애틀랜타에 살면서 이 소설을 썼기에 유명해진 곳이다. 10시에 문을 여는 작은 기념관에는 사람들이 일찍부터 찾아들었다. 킹 목사의 자유보다는 미첼 여사의 낭만이 더 가깝게 느껴지는 현실을 목도하였다. 12불을 내고 영어공부도 할 겸 해설가를 따라서 박물관의 두 층을 잠시 오가며 따라다녔다. 온통 '바람과 함께 사라지다'로 도배를 하고 있었다.

그 설명문에서 미첼은 "이 소설의 주제를 굳이 말한다면, 생존이라고 말하고 싶다."라고 하였다. 남북전쟁의 엄혹한 시기의 생존해야 하는 삶과 후기 산업사회인 미국의 슬럼가에서의 생존해야 하는 모습이 다르진 않을 것이다. 한 시대를 살아가는 자들의 처절한 생존은 실존적인 문제다. 미첼이 조금 더 시대를 늦게 태어났다면 아마도 킹 목사를 대상으로 멋진 소설을 썼을 것이라는 생각이 들었다. 그러나 '바람과 함께 사라지다' 만큼 돈과 명예를 한꺼번에 주지는 않았을 것이다. 왜냐하면 사람들은 생존 속의 자유보다 생존 속의 낭만 안에서 더 많은 로망을 가지기 때문이다. 아마도 이런 영향은 소설보다는 영화로 인해 생겼을 것이다. 영화 속에서 전쟁 속의 생존을 너무 낭만적으로 그려 놓았기 때문이다. 나는 이곳에서 보다 마음 편히 거리와 기념관을 감상할 수 있었다. 전날의 비로 인하여 좀 추운 날씨였지만 작은 바람에도 단풍잎을 떨어뜨리는 배나무를 보면서 바람과 함께 사라진 것들에 대해서 수상에 잠기기도 하였다. 사라지는 것들에 대한 회상, 집착, 안타까움, 새로운 기대 등이 마음 속에 교차한다. 나에게 사라지는 것들을 보다 오래 잡아 두기 위함으로 글을 써 보기도 한다.

두 장소에서의 나의 태도는 천양지차다. 무서운 마음으로 다가가는 곳과 편안한 마음으로 다가서는 곳의 차이다. 같은 생존을 다루고 있는 곳이지만 나의 선입감, 아니 장소감에 따라서 전혀 다른 행태를 보인다. 움츠려서 장소를 거닐게 하기도 하고, 여유를 가지고서 노닐게 하기도 한다. 아마도 두 장소에 대한 나의 장소감은 흑인과 백인, 지저분함과 깨끗함, 약자와 강자, 갱과 지도자, 할리우드 영화와 서부영화 등이 만들어 낸 스테레오 타입으로 인함일 것이다. 내가 지배 이데올로기의 꼭두각시라도 된 듯하여 기분이 엉망이다. 그러나 그 실존의 공간에 내가 살고 있다. 다만 난 선입견으로 인한 장소감과 실재적 장소감의 차이를 좁히려 노력할 뿐이다.

박물관 내의 미첼 사진

장소는 그곳에 사는 사람들이 만들어 낸 삶의 현상을 담고 있다. 그로 인한 장소 경관은 지역마다 다르게 나타난다. 이 점은 그 장소에 사는 사람들이 만들어 낸 결과이다. 그러나 많은 사람들이 눈에 보이는 장소 경관을 바탕으로 해서 장소를 판단하고 평가를 내리는 경향이 있다. 그리고 자신들이 본 것을 토대로 판단을 내렸다고 믿기에 자신들의 평가를 깊이 신뢰하는 경향이 있다. 그러나 보이는 것이 보이지 않는 것까지 담아낼 수는 없다. 그곳을 지나가는 타자가 한눈으로 스쳐 지나가며 보면서 그곳을 모두 평가하는 것은 많은 오류를 남길 수 있다. 때론 보이지 않는 것이 보이는 것보다 훨씬 진실일 수 있고, 실체일 수 있다. 장소 경관은 분명히 그곳 사람들이 빚어낸 결과물이다. 그러나 그 장소를 보다 잘 이해하기 위해서는 그 장소 경관을 낳은 요인을 볼 수 있어야 한다. 살기가 있고 지저분한 흑인 구역의 장소 경관은 흑인 계층의 경제적, 사회적, 문화적 요인의 결과이다. 사회 계층, 수입, 교육 정도, 문화 향유 등의 다양한 인자들이 결합하여 만들어 낸 것이다. 그래서 보이는 장소 경관이 우리의 의식을 지배하면, 장소를 바로 볼 수 있는 기회를 박탈당하고 만다. 그 장소 경관의 지배를 받지 않고 이를 분석하고 의미를 찾으면서 바라볼 때 장소를 제대로 볼 수 있다. 그 출발은 나의 의식 속에 똬리를 틀고 있는 선입감이나 지식이나 경험으로부터의 자유로움이다. 그럴 때 비로소 상대적 타자로서의 장소를 바로 볼 수 있다.

참고문헌

가오싱젠, 오수경 역, 2002, 『버스 정류장』, 민음사.

게오르그 짐멜, 김덕영·윤미애 역, 2006, 『짐멜의 모더니티 읽기』, 새물결.

김병용, 2009, 『길 위의 풍경』, 엘도라도.

김성윤, 2010, 『커피이야기』, 살림.

김애령, 2012, 『여성, 타자의 은유』, 그린비.

김은지, 2010, 『커피 수첩』, 우듬지.

김홍중, 2010, 『마음의 사회학』, 문학동네.

레이첼 페인 외, 이원호·안영진 역, 2008, 『사회지리학의 이해』, 푸른길.

박성우, 2011, 『자두나무 정류장』, 창비.

백무산, 1999, 『길은 광야의 것이다』, 창작과 비평사.

베르나르 올리비에, 2009, 『나는 걷는다』, 효형출판.

서경식, 2006, 『디아스포라 기행』, 돌베게.

신경숙, 2010, 『어디선가 나를 찾는 전화벨이 울리고』, 문학동네.

알랭 드 보통, 정영목 역, 2011, 『여행의 기술』,청미래.

에드워드 렐프, 김덕현·김현주·심승희 역, 2008, 『장소와 장소상실』, 논형.

예자오엔, 2008, 『화장실에 관하여』, 웅진지식하우스.

『용담댐, 그리고 10년의 세월』 자료집, 2010.

이은숙·신명섭, 2000, 「한국인의 고향관」, 『대한지리학회지』, 35(3).

이정헌, 2010, 『COFFEE』, 3월호.

이진우, 2009, 『프라이버시의 철학; 자유의 토대로서의 개인주의』, 돌베게.

이-푸 투안, 구동회·심승희 역, 2007, 『공간과 장소』, 대윤.

임은진, 2011, 「장소에 기반한 자아 정체성 교육」, 『한국지리환경교육학회지』, 19(2).

자크 랑시에르, 양창렬 역, 2010, 『무지한 스승』, 궁리.

정근표, 2009, 『구멍가게』, 샘터사.

정재승·진중권, 2009, 『크로스』, 웅진지식하우스.

정지아, 2010, 「사라져 가는 점방의 풍경」, 『인권』, 통권 62호, 국가인권위원회.

존 비비어, 윤종석 역, 2011, 『순종(Under His authority)』, 두란노.

주희·유청지, 윤호창 역, 2011, 『소학』, 홍익출판사.

줄리아 처나악, 조지 하그리브스, 배정한·idla 역, 2010, 『라지 파크』, 조경.

질 발렌타인, 박경환 역, 2009, 『사회지리학』, 논형.

한겨레신문, 2011년 10월 20일 34면.

한국일보, 2011년 6월 10일 24면.

홍덕선·박규현, 2009, 『몸과 문화』, 성균관대학교출판부.

홍성용, 2008, 『스페이스 마케팅』, 삼성경제연구소.